カキじいさん、世界へ行く！

Grandpa Oyster goes to the world!

畠山重篤
Shigeatsu Hatakeyama

講談社

カキじいさん、世界へ行く!

目次
Contents

プロローグ

――カキが世界に連れていってくれた

みなさんは、カキは好きですか？

衣《ころも》はカリッと身はジューシーなカキフライ、セリがたっぷり入ったカキ鍋《なべ》、炊《た》きたてのカキご飯。ゆでたカキに甘味噌《あまみそ》をつけて焼いた、カキ田楽もおいしいですよ。わたしたち漁師《りょうし》は、海で採《と》れたてのカキの殻《から》からナイフで身をむいて、海で洗《あら》ってそのまま生で食べるのが大好きです。レモンを絞《しぼ》ってやれば、さらに味が引き立ちます。うーん、うまい！

わたしは宮城県にある三陸《さんりく》リアス海岸の気仙沼湾《けせんぬまわん》で、カキの養殖《ようしょく》をしている漁師《りょうし》です。もう六十年以上もカキを育て続けています。養殖場《ようしょくじょう》を見学にやってくる小中学生からは「カキじいさん」と呼《よ》ばれています。

カキは海に棚《たな》を作って養殖《ようしょく》します。そのカキは植物プランクトンを食べて育ちます。植物プランクトンの食べ物は、ほとんどが山の木々の養分が川に溶《と》けて流れこんできたもの。だから、わたしたち漁師《りょうし》は山の木々をとても大切にしています。一九八九年（平成元年）からはじめた、山に木を植えて海を豊《ゆた》かにする「森《もり》は海《うみ》の恋人運動《こいびとうんどう》」も、今では多くの人々に知られるようになりました。

じつは、「森は海の恋人運動」は、カキ養殖《ようしょく》の盛《さか》んなフランスの川の上流の広葉樹林《こうようじゅりん》を見て、思いついたものなんです。それ以来、わたしはカキのことをもっと知りたくて、世界中のカキ養殖《ようしょく》の盛《さか》んな国を訪《おとず》れるようになりました。

世界中のたくさんの人たちが、おいしいカキのとりこになっています。どこの国や地域《ちいき》にも、ワクワクするような出会いや物語がいっぱいありました。

どんな物語かですって？

それを知りたいなら、あなたもカキじいさんといっしょに世界中のカキを巡《めぐ》る旅に出かけよう！　きっとびっくりするような発見がありますよ。

第1章

広《こう》葉《よう》樹《じゅ》の豊《ゆた》かな森を見て「植林」の夢《ゆめ》を抱《いだ》く

フランス／一九八四年

ローヌ川、ジロンド川、ロワール川をさかのぼる

世界旅行を夢《ゆめ》みる少年

わたしは子どものころ、地図が好きな少年でした。小学五年生のとき、親に世界旅行の本を買ってもらってから、地図を見ては「大人になったら世界を旅してみたい」と夢《ゆめ》みていました。

家では祖父《そふ》の代から『リーダーズダイジェスト』を購読《こうどく》していたので、三陸《さんりく》の田舎《いなか》に住んでいるのに、海外はわりと身近だったのです。高校時代からは月刊誌《げっかんし》『旅《たび》』を定期購読《こうどく》し、生き物好きの同級生とユースホステルに泊《と》まり、鳥羽《とば》、江《え》の島《しま》など全国の有名水族館を巡《めぐ》りました。横長の大型《おおがた》リュックを背負《せお》い、混《こ》んでいる場所ではカニのように横歩きする、いわゆるカニ族のはしりでした。

旅の楽しみといえば、地元の新鮮《しんせん》な幸《さち》。高校の夏休み、雑誌《ざっし》『旅』が企画《きかく》した北海道・オホーツクへの旅に参加したわたしは、初めてホタテ貝の刺身《さしみ》を食べ、「世の中にこんなうまいものがあるのか」と感動したのです。

寒い海に育つホタテ貝の本場は北海道や青森で、当時の三陸にはホタテ貝はありませんでした。三陸でホタテ貝の養殖《ようしょく》をしたい――。カキの水あげは秋から冬で、ホタテ貝の旬《しゅん》は夏です。カキとホタテ貝の養殖《ようしょく》に成功すれば、夏も冬も収入《しゅうにゅう》を得《え》られます。

二十歳《はたち》になると、わたしは有珠湾《うすわん》（北海道伊達市《だてし》）からホタテの稚貝《ちがい》（カキのあかちゃん）をリュックで背負《せお》って輸送《ゆそう》するようになりました。はじめはうまくいかなかったものの、三年目には輸送法《ゆそうほう》も工夫《くふう》してホタテ養殖《ようしょく》は軌道《きどう》に乗るようになりました。

そのころから、種ガキ（稚貝《ちがい》）を営業《えいぎょう》する知人の仕事の手伝いも始め、広島など全国のカキ産地を訪《たず》ねるようになったのです。

今でも机《つくえ》のまわりには、さまざまな地図がいっぱいです。時刻表《じこくひょう》も何冊《なんさつ》もちらばっていて、妻《つま》に「古いのは捨《す》てますから。」といわれるのですが、「もうちょっと待って。」と積み上げてしまっています。

調べたいことがあれば、いつでもすぐ旅に出かけられるよう「準備万端怠《じゅんびばんたんおこた》りなし」（用意がいいこと）です。

山に広葉樹《こうようじゅ》の苗《なえ》を植える漁師《りょうし》たち

二〇一四年（平成二十六年）六月、第二十六回「森《もり》は海《うみ》の恋人植樹祭《こいびとしょくじゅさい》」が開催《かいさい》されました。気仙沼湾《けせんぬまわん》に注ぐ大川《おおかわ》上流の岩手県一関市室根町《いちのせきしむろねちょう》の山に漁師《りょうし》さんたちがブナ、ナラ、クヌギなどの落葉広葉樹《こうようじゅ》の苗《なえ》を植えているのです。

この日は、はるばるフランスからパトリック・ルイ・ヴィトンさんも参加してくださいました。フランスの高級ブランド、「ルイ・ヴィトン」の五代目当主です。

この日のために、出張《しゅっちょう》の日程《にってい》を合わせたらしいのです。

「えっ、なんでルイ・ヴィトンの社長がいるの？」

と、思われる人もいるでしょう。パトリックさんとのすばらしい出会いとかかわりについては、第六章で詳《くわ》しくお話ししますね。

森には魔法使《まほうつか》いがいる

少し時間をさかのぼって、わたしが少年だったころの話をしましょう。

一九六一年（昭和三十六年）、わたしは宮城県気仙沼水産高校《けせんぬますいさんこうこう》（現《げん》・気仙沼向洋高校《けせんぬまこうようこうこう》）を卒業すると、父がつくったカキ養殖《ようしょく》の「水山養殖場《みずやまようしょくじょう》」で働きはじめました。当時は、浜《はま》辺《べ》の少年の花形といえば船長や機関長、通信長になることで、成績《せいせき》のよい男子生徒は水産高校に進むのがあたりまえだったのです。やがて、わたしは父の跡《あと》を継《つ》いで養殖場《ようしょくじょう》の場主になりました。

わたしが森に目を向けるようになったのは、一九八四年（昭和五十九年）にフランスのカキ養殖場《ようしょくじょう》を視察《しさつ》に行ったときからです。それは一人のパリジェンヌとの出会いがきっかけでした。一九八三年（昭和五十八年）のある日のこと、わたしのもとに小柄《こがら》なパリジェンヌが訪《たず》ねてきたのです。フランスの花の都パリから来《き》たという、日本語を上手に話す二十代の女性《じょせい》でした。わたしの家の近くのかき研究所《けんきゅうじょ》で勉強しているといいます。

財団法人《ざいだんほうじん》かき研究所は、一九六一年に、東北大学《とうほくだいがく》農学部のかき博士である今井丈夫《いまいたけお》教授《きょうじゅ》がつくった研究所です。今井教授《きょうじゅ》は、世界中からたくさんの種類の親ガキを集めて、人工的に産卵《さんらん》させたカキの赤ちゃんを育てる研究をしていました。その拠点《きょてん》として、海面が静かで、水深が深く、水がきれいな舞根湾《もうねわん》に注目したのです。そして、そのころ西舞根《にしもうね》の牡蠣《かき》組合長《くみあいちょう》をしていた父のもとを訪《たず》ねてきたのでした。やがてかき研究所ができると、世界中からカキの研究者が集まり、三陸のさびれた寒村だった舞根《もうね》がまるで国際村《こくさいむら》のようになったのです。

高校生だったわたしは、研究所の準備段階《じゅんびだんかい》から学校が終わると通いつめ、東北大学や北海道大学《ほっかいどうだいがく》の若《わか》い研究者たちからさまざまなことを学びました。

とりわけ印象《いんしょう》に残ったのは、貝のえさになる植物プランクトンの大切さでした。顕微鏡《けんびきょう》をのぞき込《こ》み、プランクトンの名前や形を教えてもらったのです。

カキの殻《から》は多孔質《たこうしつ》で、畑にまくとバクテリアの巣になり、土が肥沃《ひよく》になります。海にかえせばカルシウムに戻《もど》り、酸性《さんせい》の海を、魚の棲《す》みやすい中性《ちゅうせい》から弱《じゃく》アルカリ性《せい》の海にする力があります。カキの養殖《ようしょく》には、無駄《むだ》が何ひとつないことも知りました。

ある日、貝のえさとなるプランクトンの培養《ばいよう》がうまくいかなかったことがありました。研究員たちが沈《しず》んだ顔をしていると、今井先生が、こんな指示《しじ》を出しました。

「雑木林《ぞうきばやし》に行って、腐葉土《ふようど》を採《と》ってきなさい。腐葉土《ふようど》を水槽《すいそう》に入れ、上澄《うわず》みをろ過《か》して貝に与《あた》えなさい。何が入っているかわからないが、森には魔法使《まほうつか》いがいるんだよ。」

と、いわれたのです。これはわたしが海と山のつながりを知る第一歩でした。魔法使《まほうつか》いの正体がわかったのは、その日から三十年もたって、わたしが「森は海の恋人運動」をはじめてからのことでした。

パリジェンヌに誘《さそ》われてフランスのカキ養殖場《ようしょくじょう》へ

かき研究所からやってきた若《わか》いフランス人女性《じょせい》の名前はカトリーヌ・マリオジュルスといい、フランスの名門ソルボンヌ大学で博士号を取得《しゅとく》した研究者です。わが家では養殖場《ようしょくじょう》のカキをフランス料理店に直売していましたから、フランス料理の話で盛《も》り上《あ》がりました。やがてカトリーヌさんは、母のつくる郷土料理《きょうどりょうり》を食べに来るようになりました。その

うちにわたしは、

「いつか、フランスの海を案内してくれませんか。」

と冗談《じょうだん》のように話すようになりました。

ある日のこと、突然《とつぜん》カトリーヌさんがこういいだしたのです。

「一か月後に帰国しますから、旅のことがもし本気ならご案内しましょう。」

驚《おどろ》きました。四人の子育ての真っ最中です。しかし、このチャンスを逃《のが》すまいと、なんとか旅費《りょひ》を工面して、研究所のO君とエールフランスに乗《の》りこみました。地中海側《ちちゅうかいがわ》のローヌ川が注ぐラングドック地方から、ジロンド川、シャラント川が注ぐボルドー地方、そしてフランス最大のロワール川が注ぐブルターニュ地方と、沿岸域《えんがんいき》の養殖場《ようしょくじょう》を見学する旅に出発です。一九八四年五月のことでした。

わたしたちは新緑のまぶしいパリで笑顔《えがお》のカトリーヌさんと合流。フランスの高速鉄道TGV《テジェヴェ》でローヌ川沿《ぞ》いを南下し、最初の訪問地《ほうもんち》、地中海沿《ぞ》いのモンペリエに到着《とうちゃく》しました。翌朝《よくあさ》、海燕《うみつばめ》の鳴き声で目覚めたわたしは、すっかり旅の気分です。

でも、ロビーで集合したカトリーヌさんの表情《ひょうじょう》が昨日までと違《ちが》うのです。じろっとわた

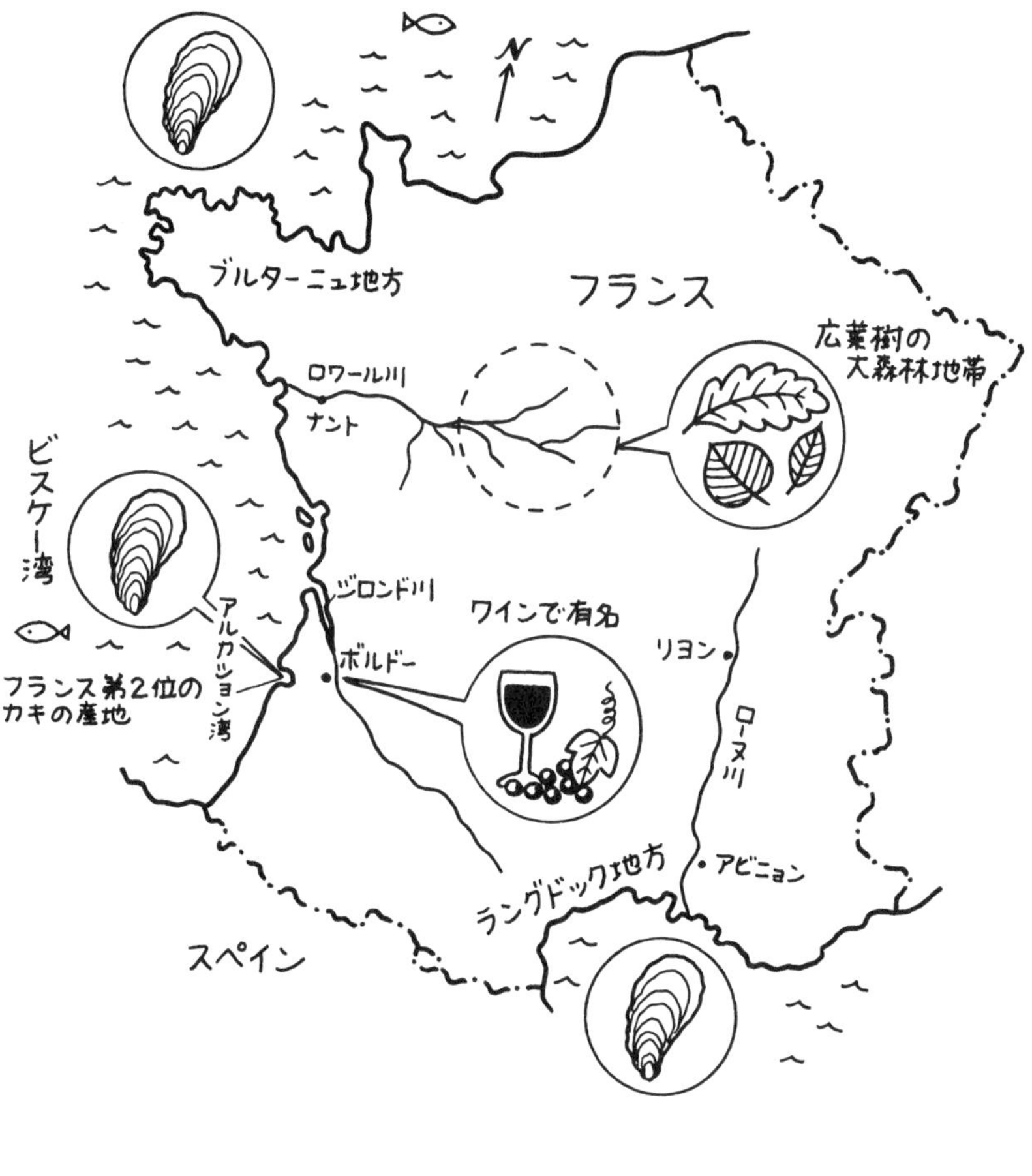

ブルターニュ地方
フランス
ロワール川
ナント
広葉樹の
大森林地帯
ビスケー湾
ジロンド川
ワインで有名
アルカッション湾
ボルドー
フランス第2位の
カキの産地
リヨン
ローヌ川
アビニョン
ラングドック地方
スペイン

したちを見据《みす》えると、
「その恰好《かっこう》はなんですか。あなたたちは何をしに海に来たのですか！」
カトリーヌさんはひざまである長靴《ながぐつ》をはいています。すでにパリジェンヌから研究者に変身していたのです。こちらはといえば、背広《せびろ》に革靴《かわぐつ》……。まいりました。

ローヌ川河口《かこう》の汽水域《きすいいき》で育つ宮城種《みやぎだね》のカキ

こうして視察《しさつ》の旅ははじまったのです。カトリーヌさんに案内されたラングドック地方は、ローヌ川によってできた、海の水と川の水が混《ま》じる汽水域が多いところでした。宮城産の種ガキをつくる万石浦《まんごくうら》と風景が似《に》ています。

万石浦は、宮城県の北上川《きたかみがわ》河口《かこう》の石巻市《いしのまきし》渡波地区《わたのはちく》という内海にあります。かつての仙台《せんだい》藩主《はんしゅ》伊達政宗《だてまさむね》公が「この内海を干拓《かんたく》したら、米が一万石《ごく》とれるほどの田んぼができるだろう」といったことからつけられた名前です。それほど広い内海です。

万石浦はノリやカキの養殖《ようしょく》の発祥地《はっしょうち》であり、いまでも、ハゼ、ウナギ、シラウオ、ニシン、カレイ、クリガニ、アサリなどがたくさん採《と》れるよい漁場です。なによりこの湾《わん》は、種ガキの生産に欠かすことのできない大切な海なのです。

ホタテ貝の殻《から》に付着したカキは、そのまま海の中にさげておくと、どんどん大きくなっていきます。万石浦でとれる種ガキは、宮城県でとれるので宮城種と呼《よ》ばれています。成長が早く、病気に強く、味がよいという、三拍子《さんびょうし》そろった世界的な優良種《ゆうりょうしゅ》なのです。そのため、北は北海道から、三陸沿岸《えんがん》、新潟の佐渡《さど》、石川の能登《のと》、三重、岡山、広島の一部、大分などの国内はもとより、アメリカやフランスで養殖《ようしょく》されているカキもほとんどが宮城種です。

養殖法《ようしょくほう》も、わたしたちと同じく海にカキをぶら下げる垂下式《すいかしき》で、カキの姿《すがた》も宮城種と似《に》ています。聞いてみると、ルーツはやはり日本のカキだそうです。一九六〇年代から七〇年代にかけて、疫病《えきびょう》でフランス国内のカキが全滅《ぜんめつ》の危機《きき》にさらされたのです。そのとき、病気に強い宮城産の種ガキが送られて、カキの養殖業者《ようしょくぎょうしゃ》が救《すく》われたのです。

高校生のころ、かき研究所の今井先生から、宮城種をフランスに輸出《ゆしゅつ》したとは聞いていましたが、これほど普及《ふきゅう》していたとは知りませんでした。

「宮城種がなかったら、わたしたちは生きていけませんでした。」

と、カキ養殖業者《ようしょくぎょうしゃ》から握手《あくしゅ》を求められたのです。とてもうれしいことでした。

地元の生産者が経営《けいえい》するレストランでの昼食会はおおいに盛《も》り上《あ》がりました。

「フランスと日本のカキのために！」

と、何度もシャンパンで乾杯《かんぱい》しました。じつはわたしはお酒が飲めないのです。お吸《す》い物《もの》に入っているお酒ですら、敏感《びんかん》に感じとる体質《たいしつ》。「やけ酒」ならぬ「やけコーヒー」という人間です。でも、この日ばかりは特別です。ついグラスを傾《かたむ》け、酔《よ》いも手伝って、地中海の青空のもとで、

〽エンヤードット　松島《まつしま》のサーヨー

と、宮城県の民謡《みんよう》「大漁唄《たいりょううた》い込《こ》み」を声高らかに響《ひび》かせたのです。

ボルドー南西のアルカション湾《わん》の強いカキ

次の訪問地《ほうもんち》は、フランス第二のカキ生産地、アルカション湾《わん》です。ボルドーの南西の大《たい》

西洋岸《せいようがん》にあり、全長三キロメートル近くもあるヨーロッパ最大の砂丘《さきゅう》が広がっています。ここのカキ養殖法《ようしょくほう》は、干潟《ひがた》に直接《ちょくせつ》カキをまく地《じ》まき式《しき》で、海の畑はカキの連続です。驚《おどろ》いたことに、カキたちが泥《どろ》を逃《のが》れるように、口先から空に向かって立とうとしているのです。カトリーヌさんが説明してくれました。

「いかだにカキをつるす養殖法《ようしょくほう》だと、いつも海水に浸《つ》かっているから陸にあげると弱いですよね。厳《きび》しい環境《かんきょう》で育つここのカキは、水《みず》あげしてからも二週間くらい平気で生きています。」

なるほどとは思うものの、この地のカキもルーツは日本。得意《とくい》な気分は抜《ぬ》けません。昼食会で出された、身のうすいカキを見て、うっかり、

「こんなのは気仙沼ではジャミッコといって、捨《す》てていますよ。」

と口を滑《すべ》らせてしまいました。すかさずカトリーヌさんが反論《はんろん》します。

「フランスでは、日本のように太ったカキはブタのようだと軽蔑《けいべつ》されるのよ。」

文化の違《ちが》いを尊重《そんちょう》しないと痛《いた》い目にあうのです。

海を育てるロワール川流域《りゅういき》の広葉樹《こうようじゅ》大森林

このあたりから、旅の足取りは重くなりました。食文化ばかりでなく、海辺も日本と違《ちが》うのです。特にロワール川が注ぐ、ブルターニュ地方の海辺の生物の多様性《たようせい》には驚《おどろ》きました。わたしが子どものころ、海辺で遊んだ小動物が、うじゃうじゃいるのです。

フランスには「風景は絵である」という考え方があります。コンクリートの護岸《ごがん》はほとんどなく、海辺にはヤドカリ、イソギンチャク、カニなどの小さな生き物がたくさんいて、宮城種のカキもすくすく育っています。

さらに驚《おどろ》いたことは、川一面にシラスウナギ（ウナギの稚魚《ちぎょ》）が上流を目指して上っているのです。シベルと呼《よ》ばれるシラスウナギは、名物料理の「シラスウナギのパイ皮包み」となって、レストランで食べられているのです。

「川の環境《かんきょう》がいいんだな。」と、わたしは感じました。

そこで、海辺から内陸部に川をさかのぼってみたのです。すると、落葉広葉樹《こうようじゅ》の大森林が広がっているではありませんか。

ロワール川流域《りゅういき》のトゥール地方東部は広葉樹《こうようじゅ》の大森林地帯で、ブロワの森、リュシーの森、アンボワーズの森、シノンの森といった大森林が広がっていて、それらの森からは十本以上の支流《しりゅう》がロワール川に注ぎこんで水郷地帯《すいごうちたい》を形づくっています。そして、ロワール川はブルターニュ地方の海に注いでいるのです。

「森は海の生物を育んでいる。」

わたしは、フランスでそのことを確信《かくしん》したのです。

フランスの旅が「森は海の恋人運動」のヒントに

フランスから帰ると、気仙沼湾に注ぐ大川の流域《りゅういき》に立ちました。自分の風土を見直そうと思ったのです。かつて河口《かこう》はノリの養殖場《ようしょくじょう》で、春には潮干狩《しおひが》りを楽しむ人々で賑《にぎ》わっていました。その干潟《ひがた》は埋《う》め立《た》てられて水産加工場が並《なら》び、濃《こ》い口醤油《くちしょうゆ》のような色の排水《はいすい》が川を汚《よご》していました。悪臭《あくしゅう》もひどかったのです。川をさかのぼり、水田地帯に行くと、子どものころに目にしたドジョウやフナがいません。愕然《がくぜん》としました。

隣《となり》の岩手県の室根村《むろねむら》（現《げん》・一関市室根町）まで行くと、雑木林《ぞうきばやし》が減《へ》り、杉林《すぎばやし》が多くなっているこ とにも気づきました。そのころの日本では、安い外国産材の影響《えいきょう》で、間伐《かんばつ》されていない杉林《すぎばやし》が多く、そうした場所では枝《えだ》と枝《えだ》がぶつかりあい、光が入らずに暗いのです。下草は生えず、土がむき出しでした。これでは大雨が降《ふ》ったら表土が崩《くず》れ、川も海も泥《どろ》だらけになるはずです。

フランスの川の流域《りゅういき》との違《ちが》いに、わたしは落胆《らくたん》しました。それからは、森と里、川、海のつながりについて意識的《いしきてき》に勉強し、調査《ちょうさ》をするようになりました。当時、山のことは林《りん》野庁《やちょう》、水田は農林水産省と行政《ぎょうせい》は縦割《たてわ》りで、どこに問い合わせても海と川と山を総合的《そうごうてき》に見る視点《してん》がなかったのです。

一九八一年（昭和五十六年）から、日本では「全国豊《ぜんこくゆた》かな海《うみ》づくり大会《たいかい》」が開催《かいさい》され、天皇皇后両陛下《てんのうこうごうりょうへいか》に稚魚《ちぎょ》を放流していただいています。しかし、放流しても、生き物の育つ川や海の環境《かんきょう》を整えなければ育たないのではないでしょうか。疑問《ぎもん》がふくらみます。

そこで、カキ養殖《ようしょく》の名人たち「牡蠣師《かきし》」に声をかけて話し合いました。ロワール川流域《りゅういき》の落葉広葉樹《こうようじゅ》の森の話をすると、こんな声が上がったのです。

「室根山《むろねさん》に、漁師《りょうし》が植林したらどうだべ。海から見えるところに。」

なるほど、と思いました。これが「森は海の恋人運動」のヒントになったのです。

コラム 1

「森は海の恋人運動」って何だろう？

「森は海の恋人運動」――。この標語のようなスローガンは、一九八九年（平成元年）、宮城県の気仙沼湾《けせんぬまわん》の海辺で生まれました。カキを養殖《ようしょく》している漁師《りょうし》さんたちが、海から遠く離《はな》れた山に、ブナ、ナラ、ミズキなどの落《らく》葉樹《ようじゅ》の森づくりを始めたのです。

カキの漁場は、世界中どこでも、河川《かせん》の水と海水が混《ま》じる汽水域《きすいいき》です。森の腐葉土《ふようど》に含《ふく》まれる養分が、カキのえさの植物プランクトンを増《ふ》やしているのです。ですから、川の領《りょう》域《いき》の森林が豊《ゆた》かであればえさが多く、おいし

岩手県
室根山
大川
舞根
室根町
手長山
唐桑半島
大島
気仙沼湾
岩井崎
宮城県

いカキが育つのです。

カキにとっていいプランクトンは珪藻類《けいそうるい》というものです。カキは呼吸《こきゅう》のために一日二百リットルもの海水を吸《す》い、エラという器官にプランクトンをひっかけて食べているのです。ですから、珪藻類《けいそうるい》が多くいると、カキのえさがたくさんあるので育ちがよくなります。

ところが、問題があります。川の流域《りゅういき》には、人間の生活が横たわっています。川が汚《よご》れると、海のプランクトンの種類が変わり、渦鞭毛藻《うずべんもうそう》という赤潮《あかしお》プランクトンが発生します。それを食べると、白いカキが血ガキとよばれる真っ赤な身になるのです。川が汚《よご》れると起こる赤潮《あかしお》の原因《げんいん》は、すべて陸側（人間の側）にあるのです。

ナラやクヌギなどは、ドングリの実をつけますので、森の動物や鳥たちのえさとなります。冬が近づくと葉が落ち、土の中にいる虫たちのえさになります。落ち葉が腐葉土《ふようど》になると、雨が降《ふ》るたびに養分が地下水に溶《と》け、川に流れ、農作物を育てます。さらに海にくだると、汽水域《きすいいき》で、植物プランクトンや海藻《かいそう》を育てます。

海がきれいであるためには、森が豊《ゆた》かであることが大切なのです。

森は海に恋《こ》い焦《こ》がれ、海は森を恋《こ》いながらともに生きる――。そのためには山と海を大切に思う人の心が大切です。漁師《りょうし》たちは山に広葉樹《こうようじゅ》を植えながら、人の心にも木を植え続けているのです。

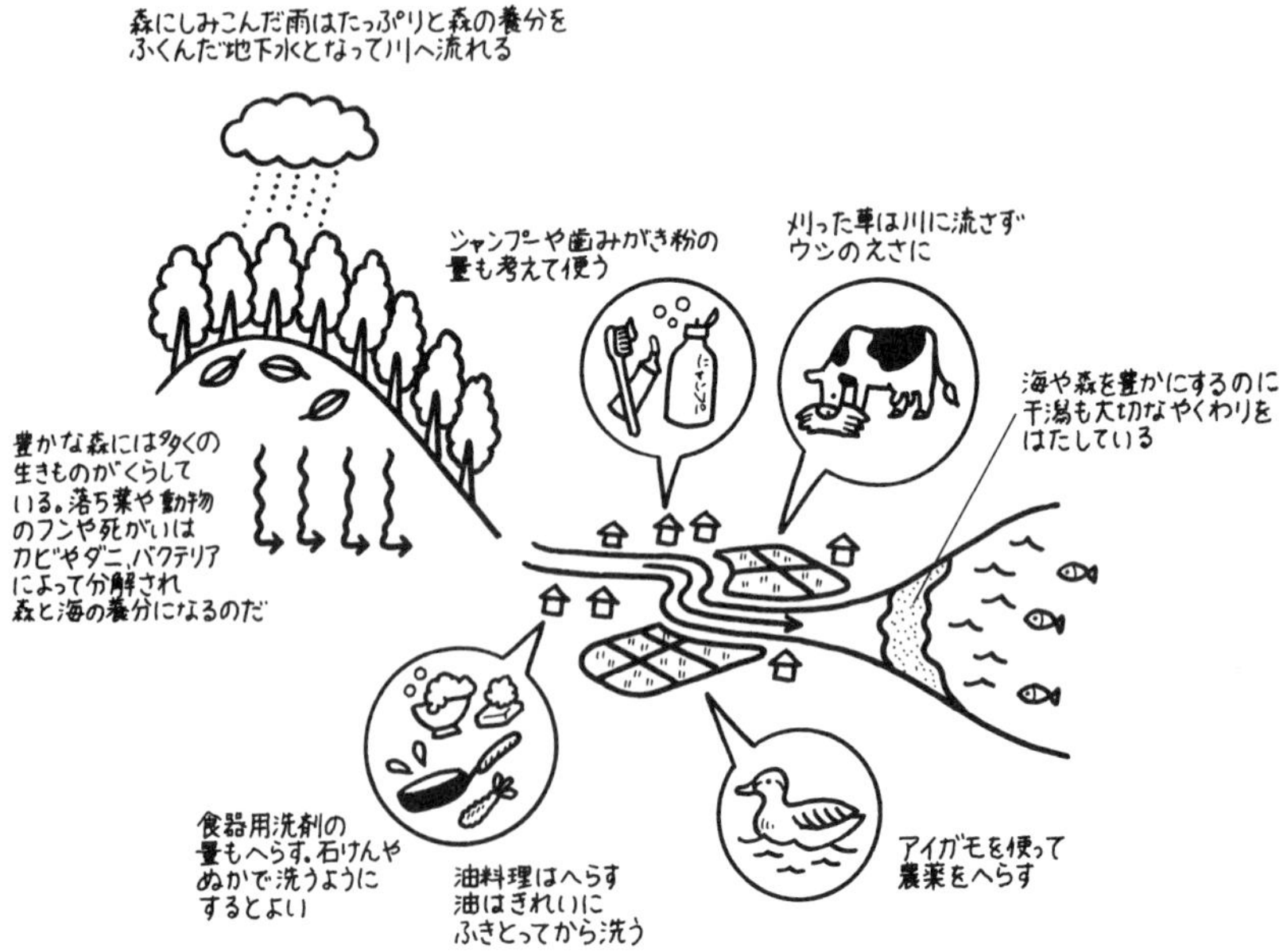
森にしみこんだ雨はたっぷりと森の養分を
ふくんだ地下水となって川へ流れる
シャンプーや歯みがき粉の
量も考えて使う
刈った草は川に流さず
ウシのえさに
海や森を豊かにするのに
干潟も大切なやくわりを
はたしている
豊かな森には多くの
生きものがくらして
いる。落ち葉や動物
のフンや死がいは
カビやダニ、バクテリア
によって分解され
森と海の養分になるのだ
食器用洗剤の
量もへらす。石けんや
ぬかで洗うように
するとよい
油料理はへらす
油はきれいに
ふきとってから洗う
アイガモを使って
農薬をへらす

第2章

元《がん》祖《そ》リアス海岸は
ロブレの森が育てる豊《ゆた》かな海

スペイン／一九九八年

ホタテ貝とサンティアゴ・デ・コンポステーラの巡《じゅん》礼《れい》者《しゃ》

「リアス」はスペイン語で「いくつもの潮入《しおい》り川《がわ》」を意味する

　ある日、スペイン料理のお店を開きたいという料理人が、わたしの養殖場《ようしょくじょう》を訪《たず》ねてきました。その人と話していて、わたしはそれまでたいそうな思《おも》い違《ちが》いをしていたことに気がついたのです。同時に、その方から話を聞いたスペインに、行ってみたくなりました。

　波静かな入《い》り江《え》が続く三陸《さんりく》リアス海岸は、カキやホタテ貝などの養殖業《ようしょくぎょう》がさかんです。それは入り組んだ湾《わん》が多く、波が静かで養殖《ようしょく》いかだを浮《う》かべておくことができる海だからだ、とずっと思っていました。ところが、スペイン料理人の方から聞いたことがきっかけで、わたしの考えはとても浅かったことを反省させられたのです。

　それは、リアス海岸の「リアス」がスペイン語であることを知ったからです。

　子どものころから、「リアス式」ということばをいつも使っています。でも、それが何語かであるかなど、まったく疑問《ぎもん》に思ったことはありませんでした。

みなさんはどうですか。

リアス（rias）の「ス」は、英語を習うとわかりますが「複数《ふくすう》のS」といって、一つではなくたくさんあることをあらわす文字です。ですから、もともとのことばは「リア」です。

そこで、スペイン語の辞書で「リア」を調べてみると、湾《わん》という意味もありますが、「潮入り川」という意味でした。さらに、リアということばは「リオ（川）」から生まれてきたことも知りました。

つまり、三陸海岸に見られるように、複雑《ふくざつ》に入り組んだ湾《わん》は、もともと、川がけずった谷だったのです。それが大昔に、地殻《ちかく》変動が起こり、谷底が深く落ちこんだため、海が谷に入りこんでできた地形だったのです。ですから、海におぼれた谷、「おぼれ谷《だに》」ともいわれています。

「リアス式」とだれが最初に呼《よ》ぶようになったのかはわかりませんが、明治になって教科書をつくるとき、日本語でどう表現《ひょうげん》するか迷《まよ》ったのでしょうね。英語でも、リアス・コーストとあらわしているので、「リアス式」としたのでしょう。

このことを知るまで、わたしは三陸海岸が、世界のリアス海岸の中心だと思っていました。でも、スペイン語であるなら、とうぜんスペインのどこかにリアス海岸があるということです。

みなさんは、スペインといえば、何を思いうかべますか。

フラメンコ、闘牛《とうぎゅう》、バレンシアオレンジなどでしょうか。観光ポスターなどでは、光と影《かげ》、かがやく太陽が強調されていますね。ところが、リアス海岸の本場は、雨が多く、「しめったスペイン」といわれる、スペイン北西部のガリシア地方の海岸なのです。

ポルトガルとの国境《こっきょう》に近い、ビゴ湾《わん》から北へ八百キロメートル、三陸海岸の約三倍の長さで、入り組んだ岸が続いているのです。そこは、「ガリシアの海でとれないものはない」といわれるほど豊《ゆた》かな海で、スペイン最大の漁業基地《ぎょぎょうきち》があることでも有名でした。

もちろん、波静かな湾《わん》では、養殖業《ようしょくぎょう》がさかんで、ホタテ貝、カキ、そしてムール貝の養《よう》殖《しょく》は世界一だそうです。

「やっぱりそうか。」

わたしは、ハッとしました。

いままでわたしは、このような入り組んだ湾《わん》は、海の波がけずってできたものとばかり思っていたのです。

ところが、リアスとは、川がけずった谷ですから、三陸海岸の数多くの湾《わん》を見ても、湾《わん》の奥《おく》には、かならず川が流れこんでいます。

ここ気仙沼湾《けせんぬまわん》から少し南の志津川湾《しづがわわん》（南三陸町《みなみさんりくちょう》）には、八本もの川が流れこんでいるのです。

気仙沼湾《けせんぬまわん》には大川《おおかわ》、広田湾《ひろたわん》には気仙川《けせんがわ》、大船渡湾《おおふなとわん》（大船渡市《おおふなとし》）には盛川《さかりがわ》、越喜来湾《おきらいわん》（大《おお》船渡市《ふなとし》）には浦浜川《うらはまがわ》、宮古湾《みやこわん》（岩手県宮古市《みやこし》）には閉伊川《へいがわ》などです。川が流れこむ海だから豊《ゆた》かなのですね。

サンティアゴ・デ・コンポステーラの巡礼者《じゅんれいしゃ》のしるしはホタテ貝

リアスの名前が生まれたスペイン、ガリシア地方へ行ってみたい。

そう思うようになったわたしは、本屋さんへ行ったり、図書館へ行ったりして、スペイン北西部、ガリシア地方のことが書いてある本を探《さが》してみました。

スペインといえば、南のアンダルシア地方や、バルセロナで有名なカタルーニャ地方のことを書いた本は多いのですが、ガリシア地方を紹介《しょうかい》する本は少ないのです。リアスについての本もまったくありません。わたしは、がっかりしてしまいました。

ところが、スペインの歴史《れきし》の本を読んでいるうちに、リアス海岸のすぐ近くにサンティアゴ・デ・コンポステーラという、世界的に有名なキリスト教（カトリック）の聖地《せいち》があることがわかりました。

エルサレム、バチカンと並《なら》ぶ三大聖地《せいち》の一つです。

わたしがとくに興味《きょうみ》を持ったのは、この聖地《せいち》に巡礼《じゅんれい》に行く人々が、そのときかならず、ぼうしやかばんなどに、ホタテ貝の殻《から》をつけていたことです。

サンティアゴ（聖《せい》ヤコブ）のしるしがホタテ貝だというのです。

じつはわたしは、三陸海岸で四十年前にはじめてホタテ貝の養殖《ようしょく》に成功した漁師《りょうし》なのです。ですから、よけいそのことに関心が深まっていきました。

聖地《せいち》の近くのリアス海岸が、ホタテ貝の産地にちがいない。三陸リアスの気仙沼湾《けせんぬまわん》でホタテ貝と長年つきあってきた漁師《りょうし》の勘《かん》です。

リアス海岸の本家、ガリシアへ出発

一九九八年（平成十年）六月、わたしは矢も楯《たて》もたまらず、二人の息子《むすこ》をつれてスペインへ旅立ったのです。

最初の訪問地《ほうもんち》は、北リアスの中心、ラ・コルーニャ市です。

どこまでも青空が続いて暑い、マドリッドのバラハス空港から飛行機は飛びたちました。メセタという茶褐色《ちゃかっしょく》の乾燥《かんそう》した大地が広がっています。四十分ほど飛ぶと、前方にいきなり雲のかたまりが見えてきたのです。「あのあたりから『しめったスペイン』となります。」と、通訳《つうやく》の原田《はらだ》さんが教えてくれました。

飛行機から下を見ると、緑がこくなってきて、やがて養殖《ようしょく》のいかだが点々と浮《う》かぶ風景があらわれてきました。息子《むすこ》たちが、「なんだか家に帰ってきたようだね。」というほど、

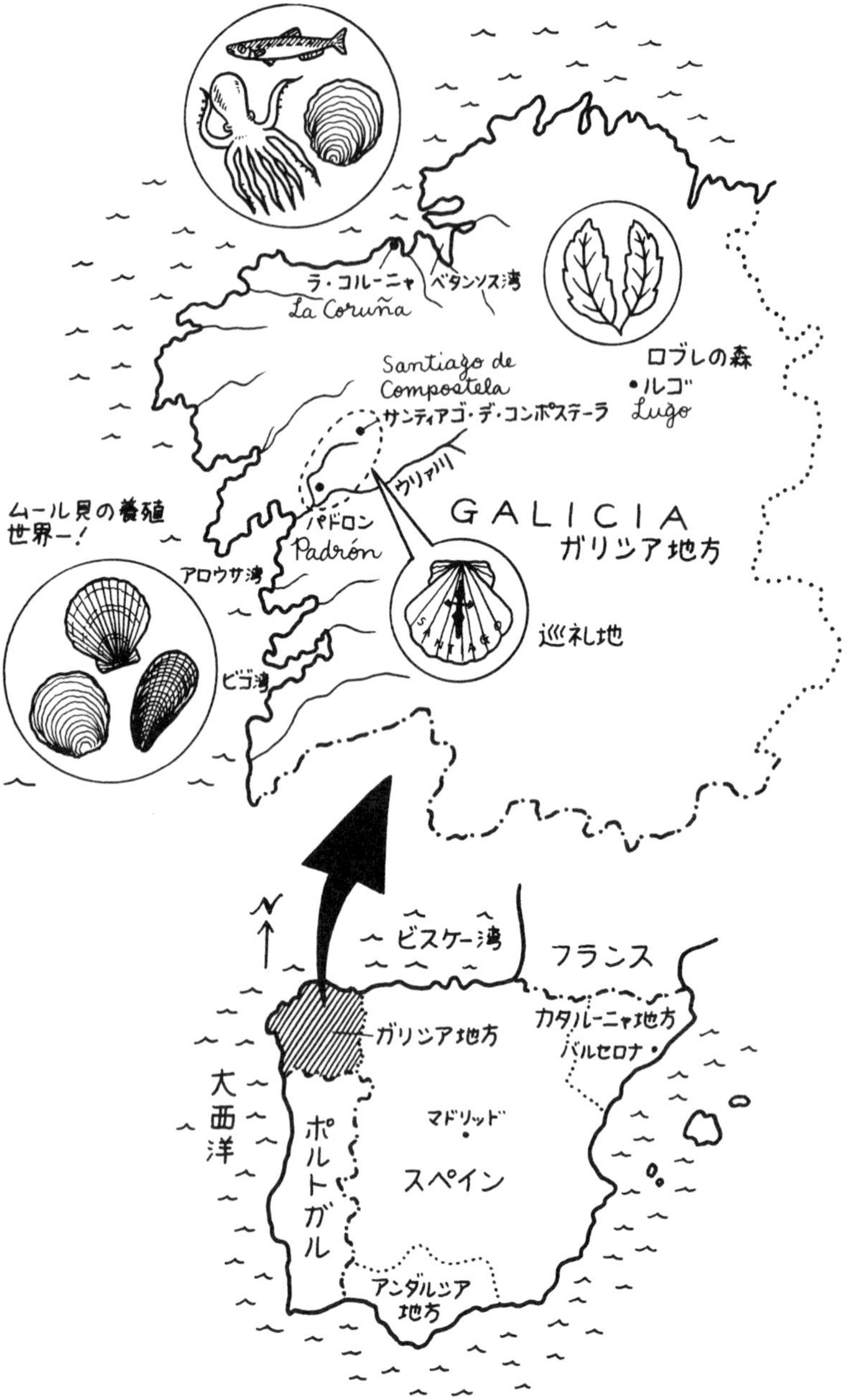
ラ・コルーニャ
La Coruña
ベタンソス湾
Santiago de Compostela
サンティアゴ・デ・コンポステーラ
ロブレの森
・ルゴ
Lugo
ウリァ川
パドロン
Padrón
GALICIA
ガリツア地方
ムール貝の養殖世界一！
アロウサ湾
ビゴ湾
巡礼地
N
ビスケー湾
フランス
ガリシア地方
カタルーニャ地方
バルセロナ
大西洋
ポルトガル
マドリッド
スペイン
アンダルシア地方

風景が三陸に似《に》ているのです。

ラ・コルーニャ市は、ビスケー湾寄《わんよ》りの人口約三十万人の都会で、古い歴史《れきし》のある街です。スペイン最大の魚市場があり、ヨーロッパでも有数の漁業基地《ぎょぎょうきち》なのです。

さっそく魚市場へ行ってみました。北海《ほっかい》を漁場とする大きなトロール船が、ところせましと並《なら》び、水あげをしています。

小さな巻《ま》き網船《あみせん》が、新鮮《しんせん》なイワシを水あげしていました。ここの人たちは、イワシがとても好きなんだそうです。

レンタカーを借り、飛行機から見えた、いかだが浮《う》かんでいる湾《わん》を目ざしました。道は、入り組んだ湾《わん》なりに曲がりくねっていて、三陸の道と同じです。なんだか、外国に来ているという気分ではありません。

やがて、いかだが見えてきたので海辺のほうに坂をおりていってみました。天然石の堤防《ていぼう》から海をのぞいてみると、青々としたきれいな海でした。ホンダワラやアオサなど海藻《かいそう》もよくしげっています。大きなボラの大群が、石垣《いしがき》のすきまにかくれている虫やエビなどをつっついているのがよく見えました。

タコをとるカゴが、山のように積み上げてありました。ここはタコ漁が盛《さか》んなのです。わたしの家の前でタコがいっぱいとれたのは、いまから四十年も前だったのを思い出していました。

タコがいるということは、タコのえさになる、カニや貝が多いということです。それは、植物プランクトンが多いことにもつながっていきます。

「バルに行ってみれば、なにか話が聞けるかもしれませんね。」

と、原田さんがいいました。スペインには、どんないなかに行ってもバルがあるそうです。軽い食事が出てコーヒーが飲め、お酒もある、みんなのいこいの場です。

店に入ると、いきなり東洋人が来たので、みんなびっくりしています。

「めったに東洋人は来ないはずです。まして、日本人の漁師《りょうし》さんなんて、はじめてでしょう。」

と、原田さんが笑っていいました。

うまそうに赤ワインを飲んでいる、いかにも人がよさそうな五十歳《さい》ぐらいの人に話しかけてみました。すると、カキを養殖《ようしょく》しているというのです。

ラ・コルーニャの魚市場で、ヨーロッパヒラガキをむく。

「どんな形のカキですか。」

とたずねると、指で丸をつくりました。丸いカキとは、ヨーロッパヒラガキ（フランスガキ）のことです。以前、日本製《にほんせい》の養殖《ようしょく》カゴを使っていたそうで、少しは日本のことも知っているようです。スペインの養殖《ようしょく》の方法などを聞かせてもらいました。

漁業協同組合長の船でムール貝の水あげを見学

そのとき、となりのテーブルで、わたしたちの話を聞いていた四十歳《さい》くらいのちぢれた髪《かみ》の人が、いきなり早口で話しかけてきました。どうもわたしたちに興味《きょうみ》がありそうなので、テーブルに来てもらって話を聞くことになりました。

この人はビクトルさんといい、このベタンソス湾《わん》の漁業協同組合長だそうです。

「わたしたちは、日本の北のほうのリアス海岸で、カキやホタテ貝の養殖《ようしょく》をしているのですが、『リアス』ということばの意味を知りたくてここに来ました。」

というと、待ってましたとばかり、しゃべりだしました。

「リア」とは、川が入っている入り江《いえ》を指すことばで、単に海の波によってけずられた湾《わん》は、「リア」とは呼《よ》ばないというのです。ここの入り江《いえ》はリア・デ・ベタンソスといって三本の川が入っている、という説明をしてくれました。わたしはビクトルさんにいいました。

「わたしたちは、川の上流の森の大切さに気がつき、漁民による植林をしています。」

「それはいいことです。森が裸《はだか》になると海が死にます。」

そこで原田さんに、「森は海の恋人《こいびと》」をスペイン語に訳《やく》してもらいました。

「直訳《ちょくやく》ですが、『エル　ボスケ　エス　ラ　ノビア　デル　マル』でしょうか。」

そこで、そのとおりにいってみました。すると、ビクトルさんはニヤリと笑い、

「ここスペインでも『エル　ボスケ　エス　ラ　ママ　デル　マル（森は海の母さん）』といっていますよ。」

というのです。わたしは、ほんとうにびっくりしてしまいました。やっぱり漁師《りょうし》はどこでも、経験的《けいけんてき》に森が大切だと思っているのですね。わたしたちは思わず握手《あくしゅ》しました。ここの湾《わん》に注ぐ川の上流にはどんな木が生えているか、と聞きました。

「昔、ガリシアは、ロブレとカスターニャという木でおおわれていた。とくにロブレは、船をつくる大切な木で、昔、世界最強の海軍といわれたアルマダ（無敵艦隊《むてきかんたい》）の軍艦《ぐんかん》もこの木でつくられていたのさ。ガリシアの山も、いまは生長が早く十年ほどでパルプ材として売れるユーカリが多いのだけど、やはりロブレに戻《もど》さなきゃ。」

ロブレとは、どんな木なのかたずねると、ビクトルさんは、

「秋になると葉が落ちてしまう、丸い実のなる木です。明朝八時半にここに来れば、ムール貝の水《みず》あげをする船に乗せますよ。」

と、誘《さそ》ってくれたのです。なんという幸運でしょう。初めの日からこんな幸運に恵《めぐ》まれ、ただ驚《おどろ》くばかりです。

オルバーリャ（小ぬか雨）が森を育てる

翌朝《よくあさ》、ビクトルさんが来ると出航《しゅっこう》です。五十トンほどのズングリした独特《どくとく》な形の木造船《もくぞうせん》です。とても安定感があります。

いかだに着くと、ムール貝の水あげです。黒いかたまりがつぎつぎに引き上げられ、たちまちムール貝の山になります。それをスコップですくい、大きなステンレスのカゴに入れるのです。

いかだに上がって海をのぞくと、黒々としたワカメが波に揺《ゆ》れていました。ワカメの下をのぞくと、思っていたとおり、魚が大群で集まっていました。クロダイ、アジ、イワシ、スズキなども見えます。

この光景は、わたしが子どものころの三陸リアスの海そのものです。じつにうらやましいかぎりです。息子《むすこ》たちが、

「あんなにいる魚をどうして釣《つ》らないの。」

と、不思議そうな顔をしているので、ビクトルさんに聞くと、

「ここでは必要以上のものはとらない。」

ということでした。

「この湾《わん》には、エウメ川、マンデオ川、ベレレ川という三本の川が入っている。その養分が植物プランクトンを育て、貝や魚を大きくしているのさ。」

そして、「森は海の母さん。」といって、片目《かため》をつぶって笑いました。

わたしはすっかり、お株《かぶ》をうばわれたような気分でした。雨が降《ふ》ってきました。霧《きり》のような細かい雨です。前ぶれもなく、よく雨が降《ふ》るのです。

「ガリシア名物オルバーリャ（小ぬか雨）ですよ。これが森を育て、海を豊《ゆた》かにしてくれるんです。」

そういうと、ビクトルさんはゴム合羽《がっぱ》を着て、また出漁していきました。

みごとなガリシアのロブレ（広葉樹《こうようじゅ》）の森

南リアスには、遠回りですが山ごえをしてからむかうことにしました。リアスの背景《はいけい》の森を見たかったからです。

内陸部のルゴ県に入ると、あっちにもこっちにも、白い花を咲《さ》かせたクリ林が見えます。ルゴの名産はカスターニャ（クリ）です。その昔、スペインにじゃがいもがまだ入らないとき、この地方の主食はクリだったそうです。クリの木といっても、日本では想像《そうぞう》もつかないほどの巨木《きょぼく》が立ちならんでいます。

製材所《せいざいしょ》も数多くあり、ルゴは昔から木材産業の中心地なのです。ガリシアは森の国でもあるのです。

さらに奥《おく》のほうに入っていきました。こんどは松林がどこまでも続きます。雨が多いせいでしょうか。シダ植物が松の木の下一面に生えていました。

でも、昔、ガリシアをおおっていたというロブレの森はまだ見つかりません。日本のブナの原生林のように、もっと山奥《やまおく》に入らないと見られないかもしれないのです。

松林の中を、車で一時間は走ったでしょうか。坂をくだっていくとだんだん広葉樹《こうようじゅ》が多くなってきました。やがて、小さな町の入り口にさしかかると、みごとな並木道《なみきみち》が続いているのが見えました。道を歩いている人に、なんという木か聞いてみました。

「ロブレ。」という答えがかえってきました。これがロブレだったのです。冬になると葉はぜんぶ落ちるというのです。落葉広葉樹《らくようこうようじゅ》のナラの種類なのです。すると、

「この先を四キロメートルほど行くと、ロブレの森が続いている。」

と教えてくれました。

やがて、黒々とした森が見えてきました。みごとな広葉樹林《こうようじゅりん》です。ロブレにまじって、カスターニャもそびえています。ものすごい木です。これが、昔のガリシアの森の姿《すがた》なのです。今でさえ、あんなに豊《ゆた》かな海なのに、こんな木々におおわれていた昔の海はどんなにすごかったか、想像《そうぞう》しただけで気が遠くなるようです。

やがてウリァ川の上流にたどりつきました。この川をくだっていくと、ガリシアの西岸《せいがん》でもっとも大きなアロウサ湾《わん》に出るのです。地図を見ると、さっきのロブレの森も、ウリァ川上流の森であることがわかりました。川《かわ》沿《ぞ》いの道は、のどかな農村風景が続いています。大きな茶色の牛が、干《ほ》し草《くさ》を山のように積んだ車をひいています。ガリシアは雨が多く牧草がよく育ち、スペインでもっともおいしい肉牛の産地であることも知りました。畑の野菜もみごとに育っています。土地が肥《こ》えているのです。

ロブレ
ナラのなかまを
ひっくるめて
ロブレと呼ぶようで
ある。いわゆる
「ドングリの木」なのだ
ヨーロッパナラガシワ

それは、この農地もロブレの葉が落ちてできた、腐葉土《ふようど》だからです。

アロウサ湾《わん》のコキーユ・サンジャック（聖《せい》ヤコブのホタテ貝）

広大なポプラの森を通りぬけると、ウリァ川の川幅《かわはば》が急に広くなりました。どこからか潮《しお》のかおりがただよってきます。そして、大きな橋をわたると海が見えたのです。リア・デ・アロウサ（アロウサ湾《わん》）です。ウリァ川がけずった谷が沈降《ちんこう》してできた周囲《しゅうい》百キロメートルもある巨大《きょだい》な湾《わん》です。

じつはここが、サンティアゴ（聖《せい》ヤコブ）がキリスト教の教えを伝えるため、はじめてこの国を訪《おとず》れたとき上陸したといわれる地です。また殉教後《じゅんきょうご》、その遺体《いたい》を乗せた小舟《こぶね》が地中海を通って流れ着いたという伝説の地でもあるのです。さっそくその地パドロンに行ってみました。

川にかかる橋の近くには、小教区教会があり、その中に、サンティアゴが乗ってきた舟《ふね》をつないだという石がありました。その石をパドロンと呼《よ》ぶのだそうです。カトリック教徒にとって、ここは聖地《せいち》です。また、世界的な名所なのです。

おみやげを売る店が並《なら》んでいました。なんとどの店も、ホタテ、ホタテです。ホタテをデザインした銀細工、イヤリングやブローチ、ネックレス、それからスプーンなどホタテづくしです。ホタテ料理を目玉にしたレストランもたくさんありました。店の人に聞くと、目の前の海が、昔からホタテがたくさんとれるところとして有名なのだそうです。

これでわかりました。サンティアゴのしるしがホタテ貝の殻《から》なのは、フランスから巡礼《じゅんれい》に来た人々が、この地パドロンで名物のホタテ貝を食べたからです。

そして、聖地《せいち》に来た記念に、軽くて、こわれにくく、デザインのいいホタテの殻《から》をおみやげに持ち帰ったのでしょう。それが、この地に来た証拠《しょうこ》にもなったのです。それから、巡礼《じゅんれい》に訪《おとず》れる人々が、そのしるしとして、この貝殻《かいがら》を身につけて来るようになったのですね。

フランス語で、ホタテ貝のことを、コキーユ・サンジャック（聖《せい》ヤコブの貝）ということがやっとわかりました。

でも、なぜここがホタテ貝の産地かといえば、ウリァ川が運んでくる森の養分がえさに

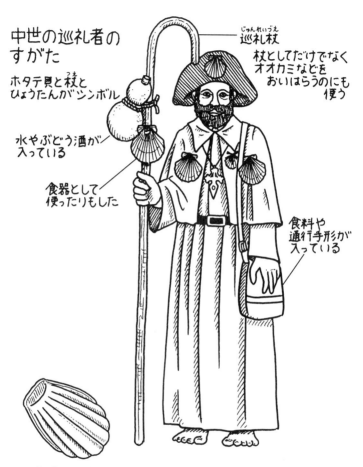

中世の巡礼者のすがた

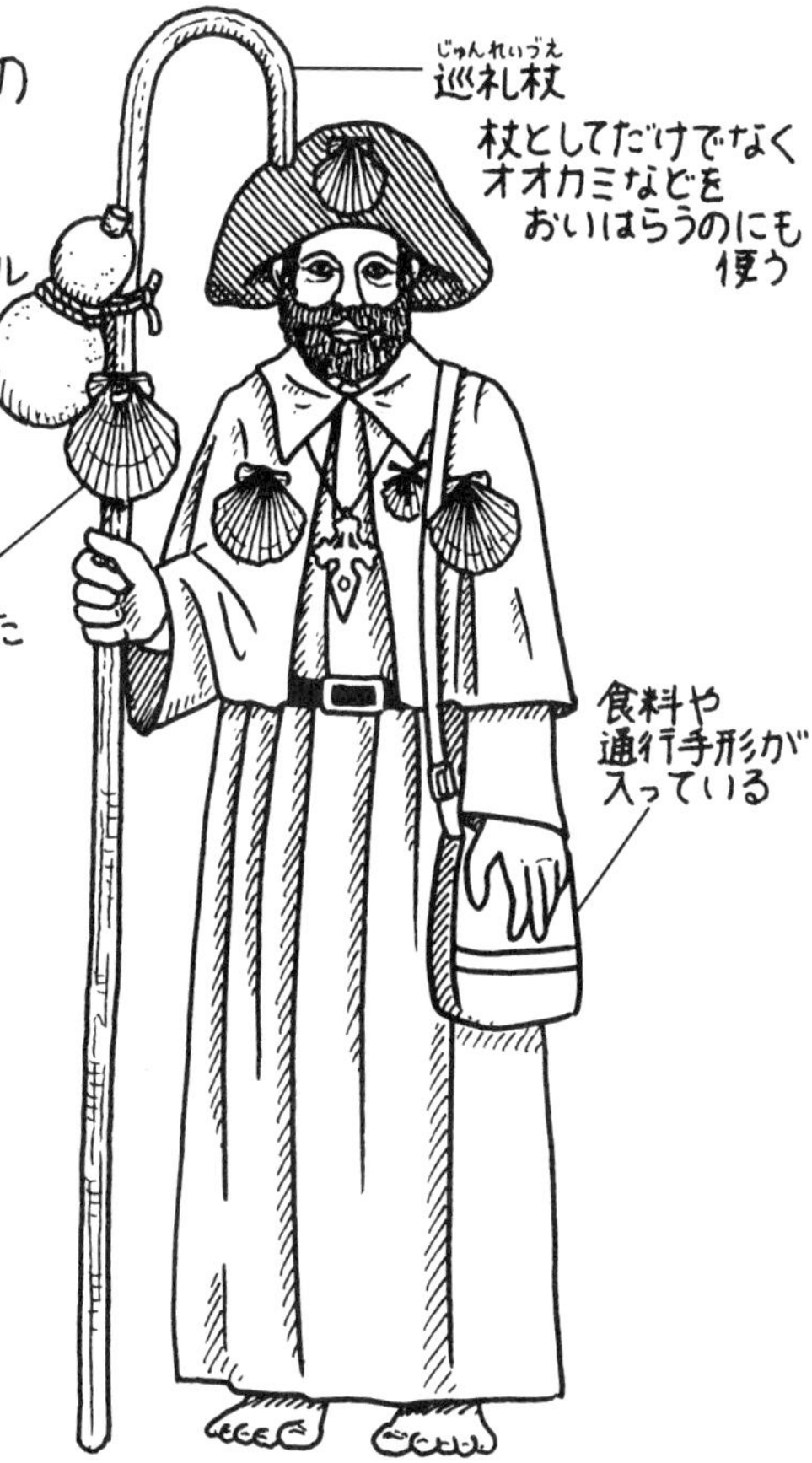

マドレーヌ

貝の形のフランスの伝統的な焼き菓子
サンティアゴに巡礼に来たフランス人が、ホタテの形をまねてつくったとか

なる植物プランクトンを育み、また川が運ぶ砂《すな》が、ホタテ貝が好む砂地《すなじ》を海底につくっているからなのです。

聖地巡礼《せいちじゅんれい》の歴史《れきし》も、リアス海岸という背景《はいけい》があったからなのですね。

ここもやっぱり「森は海の恋人《こいびと》」の世界でした。

コラム 2

カキってどんな貝？ どうやって育てるの？

みなさんに、カキ養殖業《ようしょくぎょう》の一年をご紹介《しょうかい》しましょう。

カキ養殖業《ようしょくぎょう》は、まず種ガキをとることから始まります。

カキは、英語で名前にRがついている月がおいしいといいます。九月（September《セプテンバー》）から四月（April《エイプリル》）までの八か月間です。これは北半球の大半の国であてはまります。夏になって水温が上がってくると、カキは産卵《さんらん》の準備《じゅんび》に入るからです。

マガキという種類のカキは、広島や宮城などほとんどの産地で養殖《ようしょく》されています。梅雨《つゆ》が明けて、暑い日が続くようになると水温もどんどん上がり、カキの卵《たまご》は成熟《せいじゅく》してきていよいよ産卵《さんらん》を開始します。まるで牛乳《ぎゅうにゅう》のような乳白色《にゅうはくしょく》の液体《えきたい》を海中にふきだすのです。一つのカキが産卵《さんらん》を開始すると、あっちでもこっちでも、いっせいにはじまりますので、カキのいかだのまわりは乳白色《にゅうはくしょく》になります。

メスのカキ一個《こ》は、だいたい一億個《こ》の卵《たまご》を産みます。オスは十億個《こ》もの精子《せいし》を放出する

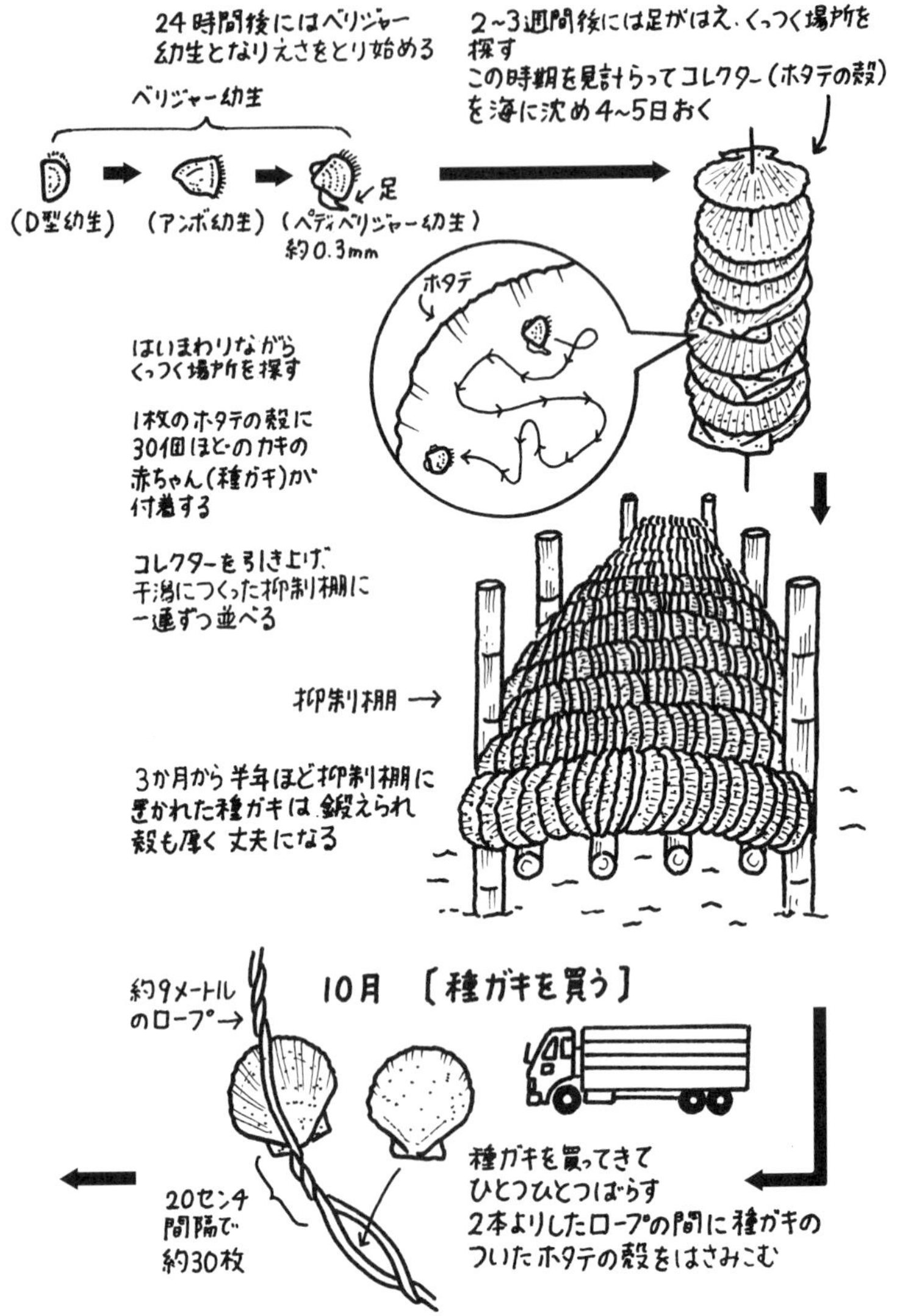
24時間後にはベリジャー
幼生となりえさをとり始める
ベリジャー幼生
足
（D型幼生）
（アンボ幼生）
（ペディベリジャー幼生）
約0.3mm
2~3週間後には足がはえ、くっつく場所を
探す
この時期を見計らってコレクター（ホタテの殻）
を海に沈め4~5日おく
ホタテ
はいまわりながら
くっつく場所を探す
1枚のホタテの殻に
30個ほどのカキの
赤ちゃん（種ガキ）が
付着する
コレクターを引き上げ
干潟につくった抑制棚に
一連ずつ並べる
抑制棚 →
3か月から半年ほど抑制棚に
置かれた種ガキは鍛えられ
殻も厚く丈夫になる
10月 〔種ガキを買う〕
約9メートル
のロープ→
20センチ
間隔で
約30枚
種ガキを買ってきて
ひとつひとつばらす
2本よりしたロープの間に種ガキの
ついたホタテの殻をはさみこむ

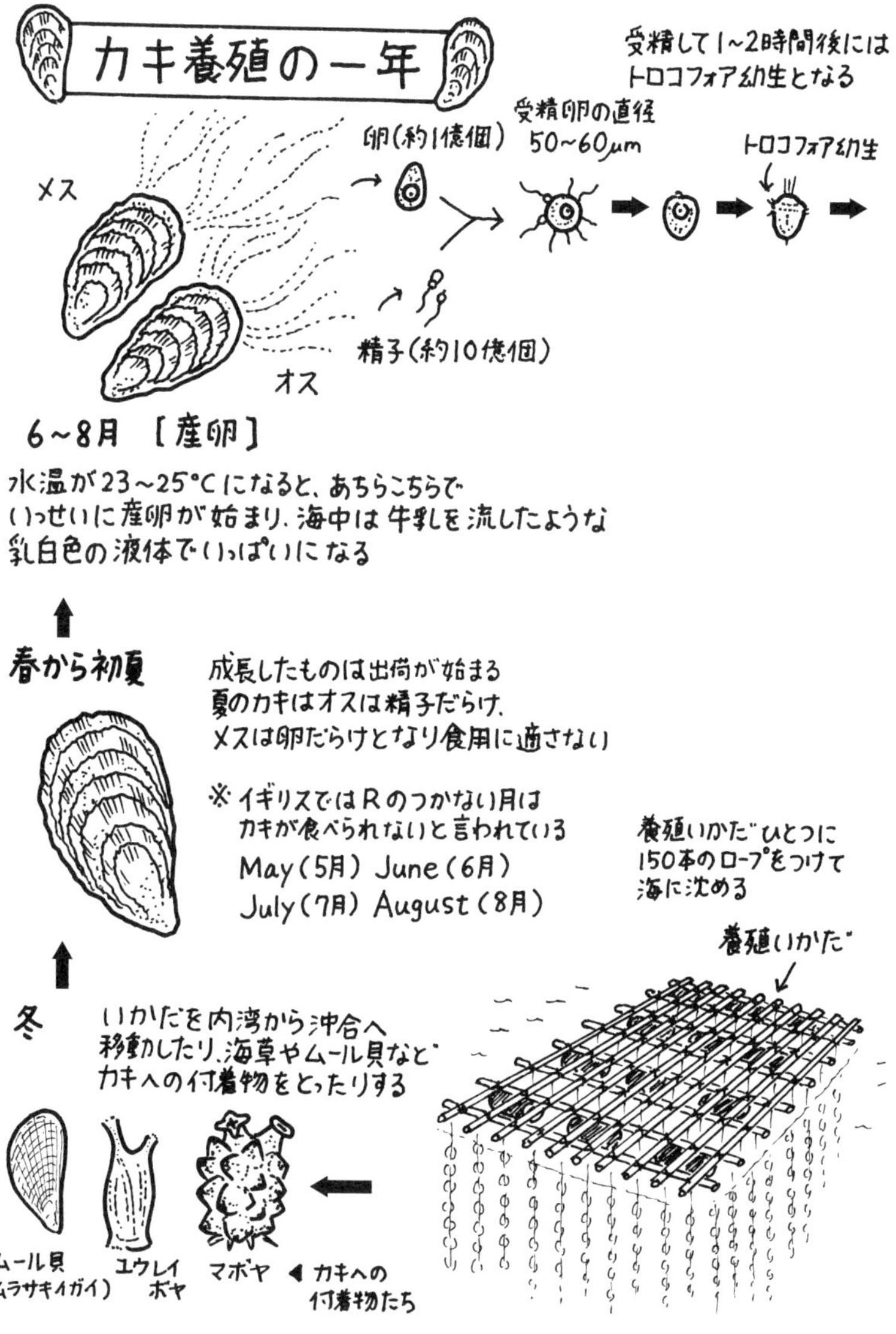
カキ養殖の一年
受精して1～2時間後には
トロコフォア幼生となる
受精卵の直径
50～60μm
卵(約1億個)
トロコフォア幼生
メス
オス
精子(約10億個)
6～8月 [産卵]
水温が23～25℃になると、あちらこちらで
いっせいに産卵が始まり、海中は牛乳を流したような
乳白色の液体でいっぱいになる
春から初夏
成長したものは出荷が始まる
夏のカキはオスは精子だらけ、
メスは卵だらけとなり食用に適さない
※イギリスではRのつかない月は
カキが食べられないと言われている
May(5月) June(6月)
July(7月) August(8月)
養殖いかだひとつに
150本のロープをつけて
海に沈める
養殖いかだ
冬
いかだを内湾から沖合へ
移動したり、海草やムール貝など
カキへの付着物をとったりする
ムール貝
(ムラサキイガイ)
ユウレイ
ボヤ
マボヤ
◀カキへの
付着物たち

のです。カキの卵《たまご》は受精《じゅせい》し、約三週間後、海の中をただよいながら成長します。約三百ミクロン（一ミクロンは一ミリメートルの千分の一）の大きさになると、なにかにくっつきたくなる性質《せいしつ》があります。このとき、ホタテ貝の貝殻《かいがら》のまんなかに穴《あな》を開け、針金《はりがね》を通したコレクター（付着器）を海に入れてやるのです。一枚《まい》のホタテ貝の殻《から》に三十から百個《こ》のカキがくっつきます。針金《はりがね》一本に約七十枚《まい》のホタテ貝の殻《から》がつながれていて、一連《れん》、二連と数えます。これが宮城県で毎年、百五十万連とれます。

北上川河口《きたかみがわかこう》の石巻湾《いしのまきわん》の奥《おく》には、万石浦《まんごくうら》という広い内海があります。ここはカキの養殖《ようしょく》の発祥地《はっしょうち》であり、種ガキの大生産地です。十九ページでもお話ししたように、この種ガキは国内はもとよりアメリカやフランスでも宮城種《みやぎだね》として知られています。強くて早く育つうえに、とってもおいしい宮城種のカキは、多くの人々に愛されているのです。

第3章

カキ養《よう》殖《しょく》の父・宮《みや》城《ぎ》新《しん》昌《しょう》が広めた太《たい》平《へい》洋《よう》ガキに思いを馳《は》せる

アメリカ／二〇〇二年

ワシントン州シアトル、ピュージェット湾《わん》の汽水

アメリカ西海岸　シアトルへ

カキ養殖《ようしょく》の父、宮城新昌《みやぎしんしょう》は沖縄の方です。でも沖縄県がカキの産地って聞いたことありませんよね。じつはきっかけは、新昌がアメリカ・シアトルのピュージェット湾《わん》に渡《わた》ったことなのです。

宮城新昌は大宜味村根路銘《おおぎみそんねろめ》の出身です。村の小学校を卒業し、一九〇五年（明治三十八年）に国頭農学校《くにがみのうがっこう》を卒業しました。

「沖縄の農業はどうあるべきか」を徹底的《てっていてき》に研究することを志《こころざし》とし、一移民《いみん》としてハワイに渡航《とこう》。砂糖《さとう》キビの栽培法《さいばいほう》の勉強をしていました。

その後、移民法《いみんほう》の改正でアメリカ本国への渡航《とこう》が打ち切られることになり、その前に西海岸シアトルへ渡《わた》るのです。

農場で働いていましたが、時のセオドア・ローズヴェルト大統領《だいとうりょう》の「漁業を栽培《さいばい》漁業に」という演説《えんぜつ》を聞いて、関心が海に向いたのです。

ローズヴェルトは海に陸地と同じ権利《けんり》を与《あた》えて、浅海《せんかい》開発の法律《ほうりつ》を制定《せいてい》したのです。

新昌が二十四歳《さい》のとき、ワシントン州オリンピアを視察《しさつ》中、Ｓｅａｆａｒｍ《シーファーム》（海の農場）という看板《かんばん》が目に留《と》まります。そしてオリンピア・オイスター・カンパニーに入社します。

新昌とカキとのかかわりが、ここからはじまったのです。

オリンピアガキという種類のカキは、五百円玉ほどの大きさです。味はいいのですが、むき身にしようとすると身が小さく、とても根気がいります。

一九四八年（昭和二十三年）、東北大学《とうほくだいがく》の農学部教授《きょうじゅ》、今井丈夫《いまいたけお》先生が三陸《さんりく》の海にオリンピアガキを移入《いにゅう》し、人工採苗《さいびょう》に成功。わが家でも稚貝《ちがい》をわけてもらい、養殖《ようしょく》した経験《けいけん》がありますので、新昌の苦労はよくわかります。

カキ養殖場《ようしょくじょう》の仕事は、冬は忙《いそが》しいのですが、夏は暇《ひま》になります。新昌は夏はあらゆる仕事につきました。語学学校にも通い、どんどん英語を話せるようになりました。

当時、もっと大きなカキを養殖《ようしょく》できないか、そんな声が高まっていました。ワシントン州は水産技師《すいさんぎし》を日本に派遣《はけん》し、広島ガキを移植《いしょく》しましたが、成功しませんでした。

技師《ぎし》たちが移植《いしょく》したのは大きくなった親ガキでした。大きいほうが丈夫《じょうぶ》だと思ったからです。

干潟《ひがた》に放流しましたが、死んで口が開いてしまいました。新昌は死んだカキの殻《から》をその後も観察していました。すると、五ミリメートルほどの稚貝《ちがい》が付着していて貝の先端《せんたん》が伸《の》びているではありませんか。そしてどんどん大きく育ってきました。

稚貝《ちがい》のほうが丈夫《じょうぶ》なのだ。日本で稚貝《ちがい》を生産して育てれば大きなカキができる。アメリカ人はカキを好む国民なので種苗《しゅびょう》の輸送《ゆそう》に成功すれば事業化《じぎょうか》できると判断《はんだん》したのです。

新昌は急いで帰国し、カキの種苗《しゅびょう》生産ができそうな海をくまなく探《さが》したのです。そして大河《たいが》、北上川《きたかみがわ》が注ぐ宮城県の石巻湾《いしのまきわん》、万石浦《まんごくうら》という汽水湖に白羽の矢を立てました。稚貝《ちがい》の生産に成功し、カナダのバンクーバーや東京《とうきょう》での事業を経《へ》て、一九三一年（昭和六年）、国際養蠣株式会社《こくさいようれいかぶしきがいしゃ》を興《おこ》したのです。

岩手県でオットセイ漁、定置網漁《ていちあみりょう》で成功していた水上助三郎《みずかみすけさぶろう》が、新昌の生きざまに共感し、経済的《けいざいてき》に支《ささ》えたことは知られています。

カキ養殖《ようしょく》の父は二人いると、わたしは思っています。一人は宮城新昌、もう一人はかき研究所の創設者《そうせつしゃ》である今井丈夫先生です。

その後、新昌が育てたカキの種苗《しゅびょう》は万石浦《まんごくうら》からシアトルに輸出《ゆしゅつ》され、一九七八年（昭和五十三年）ごろまで宮城県を代表する輸出品《ゆしゅつひん》となりました。

三陸の漁民、そしてシアトル、カナダのバンクーバーまでの漁民は新昌のカキ種苗《しゅびょう》で生活を支《ささ》えていたのです。

太平洋戦争《たいへいようせんそう》のときは、もちろん輸出《ゆしゅつ》はできません。種苗《しゅびょう》がなければカキの養殖《ようしょく》はできないのです。太平洋戦争が終わると、「早く種苗《しゅびょう》を送ってください」との声が強まりました。マッカーサー元帥《げんすい》が、「一日も早くカキの種苗《しゅびょう》生産をするように。」という命令の通達を出したことは有名です。

機会があったら新昌がカキと出合ったシアトルのピュージェット湾《わん》を訪《おとず》れてみたい、とずっと思っていたのです。機会が訪《おとず》れたとき、娘《むすめ》の愛子《あいこ》がニューヨーク州立大学に留学《りゅうがく》していました。通訳《つうやく》と運転手として、シアトルに呼《よ》び寄《よ》せました。妻《つま》と娘《むすめ》とわたしの三人旅です。

オリンピアガキの味

ちなみにシアトルとは、歴史的《れきしてき》に有名な大首長《だいしゅちょう》のチーフ・シアトルから名付けられたそうです。シアトルといえば、野球選手のイチロー。そして宮城県出身の大魔神《だいまじん》、佐々木主浩《ささきかづひろ》が属《ぞく》していたマリナーズの本拠地《ほんきょち》です。二人ともカキが大好きで、カキの栄養であるグリコーゲンが活躍《かつやく》の源《みなもと》だったのです。アメリカでは、カキの養殖漁民《ようしょくぎょみん》は「オイスターマン」と呼《よ》ばれ、社会的に認《みと》められた職業《しょくぎょう》だそうです。

シアトル・タコマ空港から小一時間ほどで、ワシントン州都オリンピアに到着《とうちゃく》しました。アメリカ合衆国議会《がっしゅうこくぎかい》議事堂を小さくしたような建物も見えます。

「これだけ産物が集まっていれば、水産物もあるはずだ。」と勘《かん》を働かせていると、白い前掛《まえか》けをした売り子が派手《はで》なジェスチャーで、「オイスター、オイスター。」と声を張《は》り上《あ》げていました。時は八月、真夏にカキ？　と思われるかもしれませんが、アメリカ西海岸

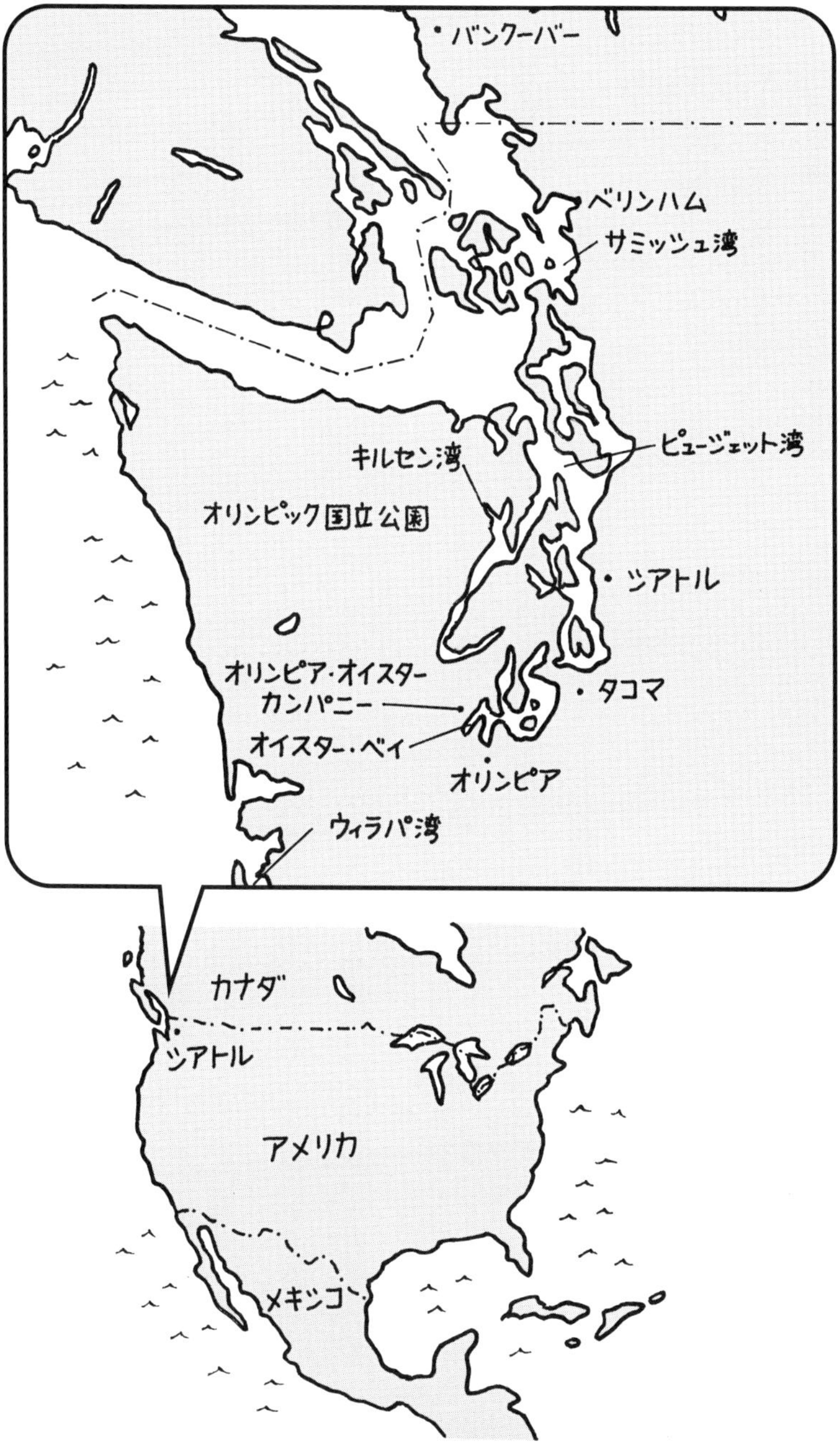
バンクーバー
ベリンハム
サミッシュ湾
ピュージェット湾
キルセン湾
オリンピック国立公園
シアトル
オリンピア・オイスター
カンパニー
タコマ
オイスター・ベイ
オリンピア
ウィラパ湾
カナダ
シアトル
アメリカ
メキシコ

北部は寒流が支配《しはい》する海なのです。そういえば、さっき来る途中《とちゅう》、アザラシが岩の上で昼寝《ひるね》していたのを思い出しました。

この地で売られているのは、おもにマガキです。約百年前、宮城新昌が宮城県から移植《いしょく》した種です。この種は水温が上がる夏に抱卵《ほうらん》するのです。抱卵《ほうらん》すると身がドロドロして、味が極端《きょくたん》に落ちるのです。しかし、ここは水温が低いので抱卵《ほうらん》せず、夏でもおいしいのです。日本から渡《わた》った種ですが、パシフィック・オイスター（太平洋《たいへいよう》ガキ）と表示《ひょうじ》されていました。

殻《から》の大きさは日本で販売《はんばい》されているものの三分の一ほどですが、カップ（身の入っているほうの殻）が深く形がそろっています。殻《から》の下側に小さなフジツボがついていました。一つ開けて食べさせてもらうと、塩《しお》っ辛《から》さがほとんどありません。これは養殖《ようしょく》されている海域《かいいき》の塩分の濃度《のうど》がかなり薄《うす》いことを意味しています。文字どおり、汽水域《きすいいき》の産物なのです。真夏だというのに、まったく抱卵《ほうらん》していない。それは、天然ではカキの種苗《しゅびょう》がとれないことを意味します。

宮城新昌はそのことをちゃんと観察していました。カキの種苗《しゅびょう》が売れ続けることを見抜《みぬ》いていたのです。新昌は事業家としても優《すぐ》れた才覚の持ち主でした。

むき身のオリンピアガキ

お目当てのオリンピアガキがありません。娘《むすめ》を呼《よ》び寄《よ》せて、オリンピアはないのか聞いてもらいました。

するとプラスチックの小さな容器《ようき》を氷の中から掘《ほ》り出《だ》し、「オリンピア・オイスター・プリーズ（オリンピアガキをどうぞ）」と手渡《てわた》されました。殻《から》つきで販売《はんばい》されていると思っていたのですが、むき身で売られているのです。小さい殻《から》をむくのは技術《ぎじゅつ》がいりますからね。

さらに娘《むすめ》に聞いてもらうと、一ガロン（約三・七九リットル）のむき身をつくるのに、パシフィック・オイスターは六十〜百八十個《こ》。それに比《くら》べてオリンピアは、二千〜二千五百個《こ》だそうです。

食べてみると確《たし》かにオリンピアの味ですが、塩っ気が足りません。三陸で食べると甘《あま》みを強く感じるのは、塩っ気の問題だと気がつきました。スイカに塩をふると甘《あま》みが増《ま》すのと同じです。

ふたのラベルに生産者の住所が記してありました。「Ｏｌｙｍｐｉａ《オリンピア》　Ｏｙｓｔｅｒ《オイスター》Ｃｏ．《カンパニー》／創立《そうりつ》一八七八年」と記されているではありませんか。新昌が渡米《とべい》したのは一九〇五年ごろです。年代も合っている。ここに間違《まちが》いない。

地図を見ると、その場所は入り組んだ湾《わん》の奥《おく》の奥《おく》です。ピュージェット（Ｐｕｇｅｔ）湾《わん》は、この湾《わん》を探検したイギリス海軍の艦長《かんちょう》、バンクーバーが、部下のピーター・ピュージェットの名にちなんで、一七九二年に命名しました。

オイスター・ベイとかオイスター・ベイ・ロードなど、カキにちなんだ入《い》り江《え》がやたらと多い。ここはやはりカキの聖地《せいち》なのです。まずはオイスター・ベイ・ロードを走ってみることにしました。静かな内湾《ないわん》沿《ぞ》いの道が続きます。

ピュージェット湾《わん》の入《い》り江《え》には、カキのむき殻《がら》がびっしり。

宮城新昌が修業《しゅぎょう》したオリンピア・オイスター・カンパニー

ハマナスの花が咲《さ》き乱《みだ》れていました。

視野《しや》が開けたところで、海辺に下りてみました。ちょうど満《み》ち潮《しお》でヒタヒタ潮《しお》が上がってきています。どこに行ってもそうしているように、海水を手ですくって口に含《ふく》んでみました。気仙沼湾《けせんぬまわん》の大雨の後のように塩分濃度《えんぶんのうど》がかなり薄《うす》いのです。文字どおり汽水域《きすいいき》です。

一見して大きな川は見当たらないのですが、背景《はいけい》は有名なオリンピック国立公園です。伏流水《ふくりゅうすい》が海底から湧《わ》いているのです。ベトナム戦争で心が傷《きず》ついた兵士《へいし》が、この森に籠《こ》もり、いやしを求めたという大森林地帯です。冬は雪も多いのです。巨大《きょだい》な「森は海の恋人《こいびと》」ワールドです。

浜辺《はまべ》の小石には小さなフジツボが無数についていました。さっき売っていたカキにも同じものが付着していました。きっとあれもこの湾《わん》で養殖《ようしょく》されているに違《ちが》いないと思いました。顕微鏡《けんびきょう》でプランクトンを観察したいところですが、持参していないのが残念です。

地図で湾《わん》の名前を確《たし》かめると、Ｏｙｓｔｅｒ《オイスター》　Ｂａｙ《ベイ》と出ています。対岸には緑色の建物が見えます。周りの岸が白く見えるのはカキの殻《から》でしょう。もしかすると、あれがオリンピア・オイスター・カンパニーではないでしょうか。

妻《つま》がいいました。

「お父さんの勘《かん》は必ず当たるから。」

奇跡《きせき》はやはり起こりました。オイスター・ベイ・ロードに戻《もど》り、見当をつけながら海沿《うみぞ》いの細い道に入ると、三十メートルはある太い丸太にＯｌｙｍｐｉａ　Ｏｙｓｔｅｒ　Ｃｏ．と彫《ほ》られた巨大《きょだい》な看板《かんばん》が出現《しゅつげん》したのです。

ここが、若《わか》き日の新昌が修業《しゅぎょう》した養殖場《ようしょくじょう》か！　胸《むね》をおどらせて海辺に近づき、風景を見ると、なんとわが舞根湾《もうねわん》にそっくりのたたずまいではありませんか。

かき研究所《けんきゅうじょ》の創設者《そうせつしゃ》、今井先生もここに来られたはずです。そして、同じ風景の舞根湾《もうねわん》に同じようなデザインの研究所を建てたのです。

残念ながら今日はレイバーデイの休日で、事務所《じむしょ》にも人影《ひとかげ》は見当たりません。しかし、この風景を目に焼き付けることができただけで満足でした。

対岸から見えた白いものはやはりマガキの殻《から》でした。むき身にしても販売《はんばい》しているのです。約百年前、日本から移入《いにゅう》したカキが、その後何代にもわたって受《う》け継《つ》がれ、漁民の生活を支《ささ》えて、カキ文化を醸成《じょうせい》しているのです。

水槽《すいそう》をのぞくとプラスチックのカゴに入れられた小粒《こつぶ》の殻《から》の黒いオリンピアガキが、ズラリと並《なら》んでいました。今までの情報《じょうほう》によると、オリンピアガキの生産はガタ落ちと聞いていますが、さすが老舗《しにせ》、かなりの生産量があるとみました。

宮城種は、新昌によってこの地に移入《いにゅう》され、オリンピアガキは今井先生の手で舞根湾《もうねわん》に運ばれた。とても遠い日のことです。カキに魅《み》せられた二人の男は、はるばる太平洋を渡《わた》ってオイスターベイの地を踏《ふ》んでいるのです。

宮城新昌は約百年前、今井先生は五十年前、そして二〇〇二年九月、このわたしが……。

万感胸《ばんかんむね》に迫《せま》るものがありました。そして、オリンピアガキが好きだった父を思い出し、持参した写真をオイスター・ベイに向けてかかげたのです。

二人の日本人

その後、シアトルのカキ養殖《ようしょく》について書かれた小冊子《しょうさっし》と巡《めぐ》り会《あ》いました。

それによると、J・エミー・月本《つきもと》（月本二朗《じろう》）、ジョー・宮城（宮城新昌）という日本人の青年が、ワシントン州オリンピアに在住《ざいじゅう》していたと記されていました。二人ともオリンピアの公立学校で教育を受け、そこを卒業していました。

ジョーは、オリンピアのジョン・C・バーンズ家の下働きとして雇《やと》われて、学費《がくひ》のほとんどを稼《かせ》いでいました。時間があれば、J・J・ブレンナー・オイスター社でカキむきをして働いていました。

二人の青年は、夏休みの間もずっとオリンピア近くの養殖場《ようしょくじょう》で働き、経験《けいけん》を積んでいたのです。

日本産カキをピュージェット湾《わん》に移植《いしょく》する計画を立てていた二人は、水温、塩分濃度《のうど》、その他必要な条件《じょうけん》について情報《じょうほう》を確保《かくほ》していました。

オリンピアガキの仕事を通して得《え》た経験《けいけん》から、ピュージェット湾《わん》はえさの豊富《ほうふ》な海であるというデータを積み上げていたのです。宮城新昌のカキ人生は、まさにオリンピアとともに始まったのでした。

オリンピア・オイスター・カンパニーの資料《しりょう》も手に入れることができました。資料《しりょう》によると、一八七八年創立《そうりつ》で、希少種となっているオリンピアガキの養殖《ようしょく》と採取《さいしゅ》を専門《せんもん》としていました。

自然分布《しぜんぶんぷ》が多いのは、ワシントン州の汽水域《きすいいき》で、ウィラパ湾《わん》とピュージェット湾《わん》南部だそうです。小型で繊細《せんさい》なカキなので、干潮時《かんちょうじ》に、先のとがったフォークで、岩についているカキを手作業で採取《さいしゅ》しなければなりません。選別場に運び、指の爪《つめ》ほどのサイズの種ガキを出荷《しゅっか》サイズの親ガキからていねいに外します。

種ガキは干潟《ひがた》の水路に戻《もど》し、親ガキはむき場に運ばれます。一個《こ》ずつ手作業でむき身にされ、きれいに洗浄《せんじょう》して梱包《こんぽう》し、消費者《しょうひしゃ》に向けて発送されるこの手順は、百年間変わっていません。

一八〇〇年代半ばに、この自生するカキの事業化がはじまりました。ワシントン準州《じゅんしゅう》の政治家《せいじか》たちは、この軟体動物《なんたいどうぶつ》に強い印象《いんしょう》を受けたと見え、「オリンピア・オイスター」と名づけました。

しかし、カキはゴールドラッシュ時代でも珍味《ちんみ》であり続けました。乱獲《らんかく》が続き、サンフランシスコ湾内《わんない》の生息地では、ほんのわずかの間に採《と》り尽《つ》くされてしまったのです。

この魅力《みりょく》あるカキにまつわる伝説が、サンフランシスコに伝わっているそうです。ある死刑囚《しけいしゅう》が、最後の食事に何が食べたいかとたずねられ、町でいちばん高い値段《ねだん》の食べ物を二つ示《しめ》したそうです。

一つはオリンピアガキ、もう一つは卵《たまご》でした。それ以来、「ハング・タウン・フライ」（カキ、ベーコン、タマネギなどが入ったグラタン）が生まれ、今でもオリンピアガキを出すレストランで注文できるそうです。

ハング・タウン・フライの「ハング」には「吊《つる》す、縛《しば》り首《くび》にする」の意味があるそうです。ゴールドラッシュという特異《とくい》な時代、犯罪者《はんざいしゃ》が縛《しば》り首《くび》に処《しょ》せられるケースが多かったのでしょう。ハング・タウンは、サンフランシスコから百二十キロほど内陸にある、プラサービル（Placerville）の旧称《きゅうしょう》でした。

優秀《ゆうしゅう》なシェフは、オリンピアガキをグルメ向けの食べ物と考えているようです。あるシェフはオリンピアガキを特製《とくせい》のカクテルソースに添《そ》えて提供《ていきょう》し、また自慢《じまん》のトマト果汁《かじゅう》に入れて提供《ていきょう》します。別のシェフはオムレツに入れるようにすすめます。グルメの客は風味のすばらしさと身のおいしさに納得《なっとく》させられます。

宣教師《せんきょうし》が取り持ったご縁《えん》

旅のもう一つの目的は、はるか昔、妻《つま》を紹介《しょうかい》してくれたリヴィングストン夫妻《ふさい》を訪《たず》ねることでした。リヴィングストン夫妻《ふさい》は、キリスト教の宣教師《せんきょうし》として来日し、宮城や岩手を中心に献身的《けんしんてき》な伝道活動をされて多くの人々に慕《した》われたのでした。その後、帰国してシアトルから北に百三十キロメートルほど行ったベリンハムに住んでいました。

ベリンハムで懐《なつ》かしいリヴィングストン夫妻《ふさい》に会い、翌日《よくじつ》、夫妻《ふさい》は「カキを食べに行きましょう。」と誘《さそ》ってくれたのです。

オイスターファームの看板《かんばん》がかかげてある門をくぐり、坂をくだると入《い》り江《え》に出ました。マガキの殻《から》が山積みになっていて、カキむき場の匂《にお》いが漂《ただよ》っています。この匂《にお》いは世界中同じで、わたしにとってはほっとする匂《にお》いです。

事務所兼売店《じむしょけんばいてん》に入ってみると、網袋《あみぶくろ》に入ったカキが山積みされて売られていました。真夏ではありますが、寒流の影響《えいきょう》で水温が低くて抱卵《ほうらん》しないため、カキが食べられるのです。

つぎつぎにカキを買いに人が来ます。例によって湾《わん》の水を口に含《ふく》んでみると、やっぱりここも塩分濃度《えんぶんのうど》が薄《うす》いのです。後で知ったのですが、このサミッシュ湾《わん》こそ、ジョー・宮城、J・エミー・月本が宮城種の生育地として最適《さいてき》であると決めた汽水域《きすいいき》だったのです。

宮城と月本が、海産物販売会社《はんばいがいしゃ》を経営《けいえい》していた、M・ヤマギマチを共同経営者《けいえいしゃ》に加えて、この知り合った五名とともに八名で会社を興《おこ》し、資金集《しきんあつ》めに成功しました。そして、パール・オイスター社から六百エーカー（約二・四三平方キロメートル）の漁場を購入《こうにゅう》したのです。

一九一九年四月、プレジデント・マッキンレー号に乗せられ、十六日かけて横浜《よこはま》から宮城県産カキ四百箱（一箱五十六キロ入り）がシアトルに到着《とうちゃく》しました。すぐ艀《はしけ》で、サミッシュ湾《わん》に運ばれ、海にまかれたのです。そのカキのサイズは大きく、殻《から》には稚貝《ちがい》が付着していました。でもあまりに小さくだれも気がついていませんでした。

ところが不幸にして、大きなカキはほとんど全滅《ぜんめつ》でした。若者《わかもの》たちの心境《しんきょう》はいかばかりだったでしょう。わたしはホタテ貝を北海道や青森から輸送《ゆそう》して、何度か全滅《ぜんめつ》させた経験《けいけん》がありますので、その心境《しんきょう》はよくわかります。まして異国《いこく》でのことです。

しかし、二〜三か月後、作業員が殻《から》についていた稚貝《ちがい》が成長していることに気がつくのです。その成長は驚《おどろ》くほど早かったのです。

二年後、十七センチメートルにもなっていました。

この経験《けいけん》から、種苗《しゅびょう》は小さいほど生存率《せいぞんりつ》がよく、ひと冬越冬《えっとう》させ、早春に船積みするのが最良であることなどの貴重《きちょう》な知識《ちしき》を得《え》、その後のカキ人生の大きなステップになったのです。

強烈《きょうれつ》だが満ち足りた味のオイスターショット

旅の終わりも近づき、シアトルの夜をオイスターバーで過《す》ごしました。「エリオット・オイスター・ハウス」という店です。エリオットとは目の前に広がる湾《わん》の名前だそうです。休日のせいか、大変な混《こ》みようです。広いテーブル席もありましたが、やはり目の前でカキをむいている光景を見たいのです。

しばらくカウンター席が空くのを待っていました。二十種類ほどのカキが、種類や産地別にズラリと並《なら》べられています。一種類を半ダースか一ダース単位で注文すると、氷をしいた銀盆《ぎんぼん》にかざりつけられて、客の前に登場するのです。

まず宮城種のパシフィック。これも、キルセン湾《わん》、サミッシュ湾《わん》、ウィラパ湾《わん》など産地によって分けられています。たしかにその海によって微妙《びみょう》に味が違《ちが》うのです。

東海岸チェサピーク湾《わん》のヴァージニカ種（貝柱のところが青色をしているので、ブルーポイントと呼《よ》ばれています）、フラット（フランスガキ）、オリンピアなどさまざまなカキがあります。ブルーポイントを食べてみましたが、錆《さ》びた鉄をなめたような味がするカキでした。ほとんどの客が注文する人気のカキは、クマモトです。有明海《ありあけかい》の大きくならない種類のカキがあるとは聞いていましたが、こんなに人気があるとは驚《おどろ》きです。

　さっそく注文して食べてみますと、クリーミーな風味でたしかに味もいいのです。殻《から》も内側の黒い縁《ふち》がきれいで、カップも深い。日本では大型《おおがた》のカキが好まれる傾向《けいこう》にありますが、大きく口を開けなくても食べられるこのサイズが女性客《じょせいきゃく》に好まれるのだそうです。

　店員の話では、この店は全米第二位の売り上げを誇《ほこ》るオイスターバーだそうです。ちなみに一位はニューオーリンズのフェリックスという店だそうです。ジャズとビールとカキの取り合わせで、それは賑《にぎ》わっているそうです。しかし、ハリケーンが多く心配でした。ニューオーリンズはミシシッピ川河口《かこう》の汽水域《きすいいき》で、ヴァージニカ種の大産地です。

　きわめつきはオイスターショットです。ショットとは、強い酒を一息で飲むことだそうです。まずグラスに小粒《こつぶ》のオリンピアガキを五個《こ》ほど入れます。次にトマト味のジュースを少し入れ、五種類のスパイスをふりかけ味を調《ととの》えます。最後に注ぐのが、ウォッカのストレートです。妻《つま》と娘《むすめ》の「お父さんやめて。」という声を振《ふ》り切《き》り、一気にあおったのです。

はじめは火がついたように口内が熱くなり、目から火花が飛びました。しかし、カキを飲みこむや否《いな》や、口中に上品な旨味《うまみ》だけが広がり、いかにも満ち足りた気分になったのでした。

そのとき、はっと気がついたことがありました。死んだ父が、日本では売れないにもかかわらず、養殖《ようしょく》を続けていたのは、この味に気がつき、こっそり一人で楽しんでいたのではないかと思ったのでした。オリンピアガキは、大人の味なのかもしれません。

コラム 3

鉄を食べる植物プランクトンって、おいしいの？

わたしのカキ養殖場《ようしょくじょう》には、たくさんの子どもたちが体験学習に来ます。その子どもたちに、きれいな海ですくった植物プランクトンを一口飲んでもらうことがあります。

「少ししょっぱいけど（海ですからね）、キュウリの味がする。」

と言った子がいました。そうです、これが植物プランクトンの味です。カキはこの植物プランクトンを食べて育つのです。

コラム①「森《もり》は海《うみ》の恋人運動《こいびとうんどう》」のところで、漁師《りょうし》さんたちが山に植樹《しょくじゅ》をしているという話をしました。ブナやナラなどの落葉広葉樹《こうようじゅ》の葉が

プランクトンの試飲!?
ホタテやカキって
こんなのがおいしいのかな？
うへ〜〜っ
しょっぱい〜〜っ
からい!!
食物連鎖《しょくもつれんさ》のショートカット！
食物連鎖をいっきにさかのぼる！

落ち、腐葉土《ふようど》になります。このとき「フルボ酸《さん》」というキレート物質《ぶっしつ》が生まれます。キレートとは、ラテン語で「カニのはさみ」の意味で、鉄分をはさむような形になります。

鉄は酸素《さんそ》にふれると錆《さ》びて沈殿《ちんでん》してしまいます。ところがキレートのかたちになると、酸素と出合っても錆《さ》びず、水に浮《う》かぶのです。こうして森から海に鉄分が運ばれます。

じつは海の植物プランクトンの発生にいちばん大切な成分は、鉄なのです。植物の緑は葉緑素《ようりょくそ》（クロロフィル）といいます。葉緑素は二酸化炭素《にさんかたんそ》（CO_2）を炭素《たんそ》（C）と酸素（O_2）に分解《ぶんかい》する光合成というもっとも大切な仕事をしています。でも、鉄がないと葉緑素はできないのです。

植物を育てるときに、肥料《ひりょう》をやりますね。肥料《ひりょう》の三要素《ようそ》は、窒素《ちっそ》、リン酸《さん》、カリウムです。なかでも植物は窒素をたくさん必要とします。窒素は海の中では、硝酸塩《しょうさんえん》というかたちになっています。植物プランクトンが硝酸塩を体の中にとりこむとき、まず先に鉄を体の中に入れておかねばなりません。硝酸塩から酸素を切《き》り離《はな》して、還元《かんげん》しなければならないからです。硝酸塩を還元《かんげん》すると、窒素が得《え》られるのです。まず鉄がなければ、植物プランクトンが増《ふ》えることはできないのです。

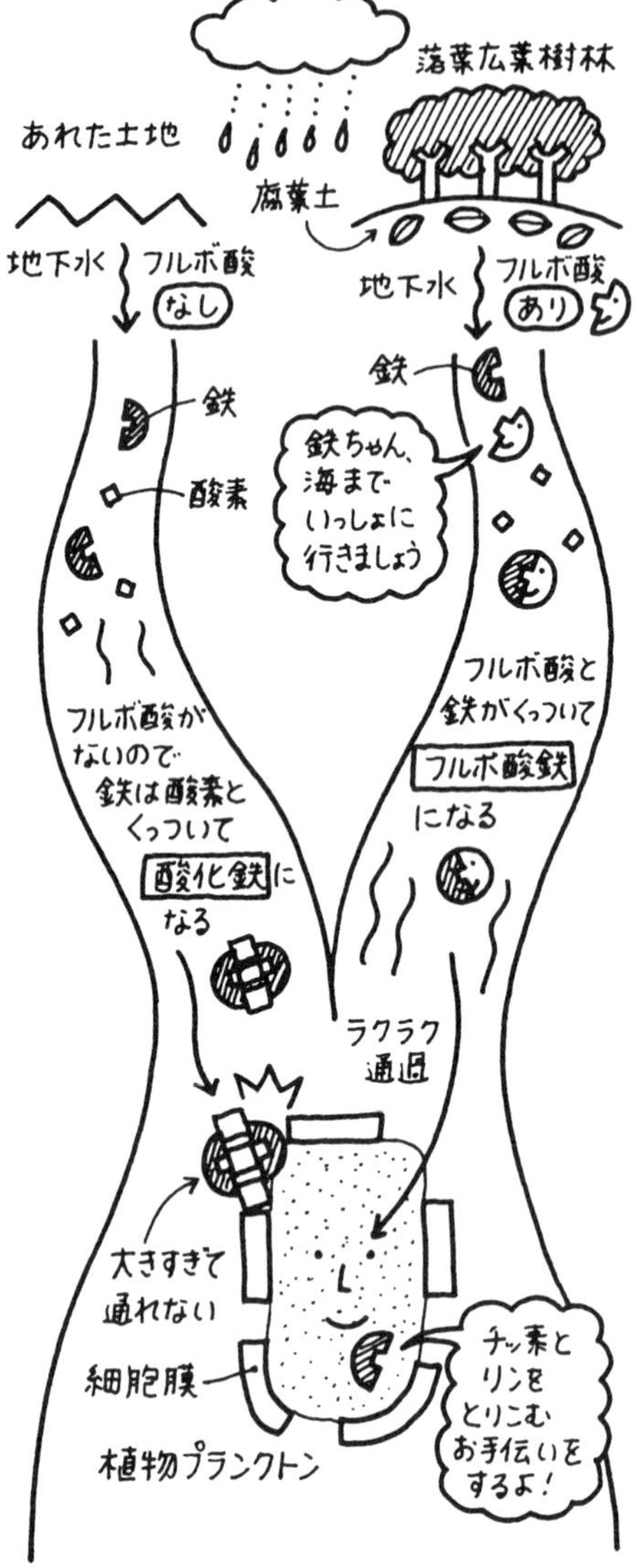

落葉広葉樹林
あれた土地
腐葉土
地下水
フルボ酸
なし
地下水
フルボ酸
あり
鉄
鉄
酸素
鉄ちゃん、
海まで
いっしょに
行きましょう
フルボ酸と
鉄がくっついて
フルボ酸鉄
になる
フルボ酸が
ないので
鉄は酸素と
くっついて
酸化鉄に
なる
ラクラク
通過
大きすぎて
通れない
細胞膜
植物プランクトン
チッ素と
リンを
とりこむ
お手伝いを
するよ！

第4章

「カキの村」でおいしい干《ほ》しガキを食べる

中国／二〇〇五年

宮城《みやぎ》新昌《しんしょう》式《しき》カキ養殖《ようしょく》法《ほう》で栄える広東《カントン》省《しょう》深圳《しんせん》

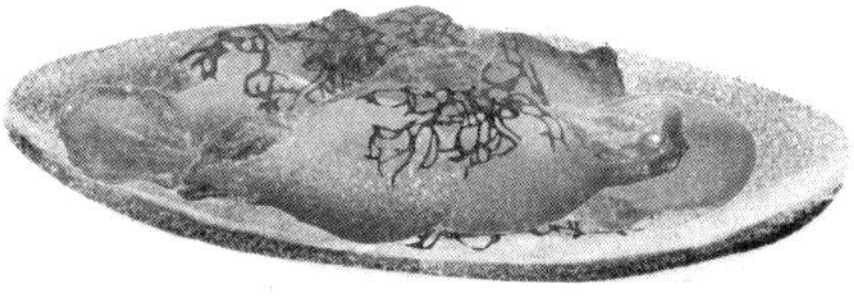

春節のごちそう「干《ほ》しガキのホウシーファッチョイ」

わたしは、じつは中国生まれです。わたしの父は宮城県気仙沼《けせんぬま》生まれですが、若《わか》いころ、上海《シャンハイ》でサラリーマンをしていました。船会社に勤《つと》めていて、揚子江《ようすこう》上流の重慶《じゅうけい》で産出される鉄鉱石《てっこうせき》を、九州の八幡製鉄所《やわたせいてつじょ》に運ぶ仕事をしていました。

気仙沼《けせんぬま》の農家に生まれた母と見合い結婚《けっこん》をし、わたしは上海から少し上流の蕪湖《ぶこ》で生まれました。中国といえば中華料理《ちゅうかりょうり》。中でも中国南部の広東料理《カントンりょうり》の味を支《ささ》えているのがオイスターソースです。カキのむき身を煮詰《につ》めてつくります。野菜でも肉でも、オイスターソースをからめて炒《いた》めればおいしい一品ができあがりです。

中学から高校のころ、夏ガキといって、五月になると地元の水産加工屋さんからむき身の注文があったのを思い出します。このころもっとも身が太っているので、一度煮《に》て、むしろに並《なら》べて乾《かわ》かすのです。煮汁《にじる》は煮詰《につ》めてオイスターソースに加工されます。

気仙沼《けせんぬま》はサメの水《みず》あげが日本一で、フカヒレの産地として有名です。隣《となり》の岩手県は、日本一のアワビの産地です。このあたりはアワビは干《ほ》しアワビになります。中華料理に使う干物《ひもの》の産地として、江戸《えど》時代から続く歴史《れきし》があります。

一月末、中国は旧《きゅう》正月の春節《しゅんせつ》です。タイトルの「ホウシーファッチョイ」は旧《きゅう》正月のごちそうの名前です。「蠔豉髪菜」と書きます。

「ホウシー（蠔豉）」は干《ほ》しガキを意味します。「ファッチョイ（髪菜）」は黒い髪《かみ》の毛《け》のような中華食材《ちゅうかしょくざい》のことです。料理の名前が、商売繁盛《はんじょう》を意味する「好市発財《ホウシーファッチョイ》」と似《に》た発音なので、縁起物《えんぎもの》として旧《きゅう》正月に食べられるのです。

しばらく前ですが、友人と神奈川県横浜《よこはま》の中華街《ちゅうかがい》を訪《おとず》れたことがあります。何回も練習して「ホウシーファッチョイ」と注文しました。プーンと乾物《かんぶつ》の匂《にお》いがします。カキを取《と》り囲《かこ》むようにファッチョイがからまっています。かたくり粉《こ》でとろみがついています。

ファッチョイに味がしみて、そのおいしいこと。

ホウシーはおいしいだけでなく、漢方薬にもなっているそうです。娘《むすめ》が結婚《けっこん》するとき、広東地方のお母さんは嫁入《よめい》り道具の中にホウシーを持たせてあげたそうです。

カキ養殖場《ようしょくじょう》で栄えた「カキの村」

二〇〇五年ごろのことです。中国・深圳《しんせん》で会社を経営《けいえい》する友人から、「君向きの話があるから一度来てみないか。」という、誘《さそ》いの電話がありました。「君向き」とは、もちろん「カキについての情報《じょうほう》がある」ということです。

さっそく、地図を広げてみると、深圳は香港《ホンコン》の西側に広がる、珠江《しゅこう》という川の河口《かこう》の大汽水域《きすいいき》に面しています。西江《せいこう》、北江《ほくこう》、東江《とうこう》という大きな川が珠江に注いでいます。はるか上流は、水墨画《すいぼくが》に描《えが》いたような景観が美しい桂林《けいりん》です。森と川と海が連なる「森は海の恋《こい》人《びと》」の世界です。がまんできず、まず香港に飛びました。

深圳はどこに行っても開発に次ぐ開発で、大きな工場が建《た》ち並《なら》んでいました。通訳《つうやく》の方と車を借りると、海辺に出かけました。郊外《こうがい》に出ますと「蚝村」という標柱がそこここに立っているではありませんか。蚝はカキを意味するので、「カキの村」という立て札で

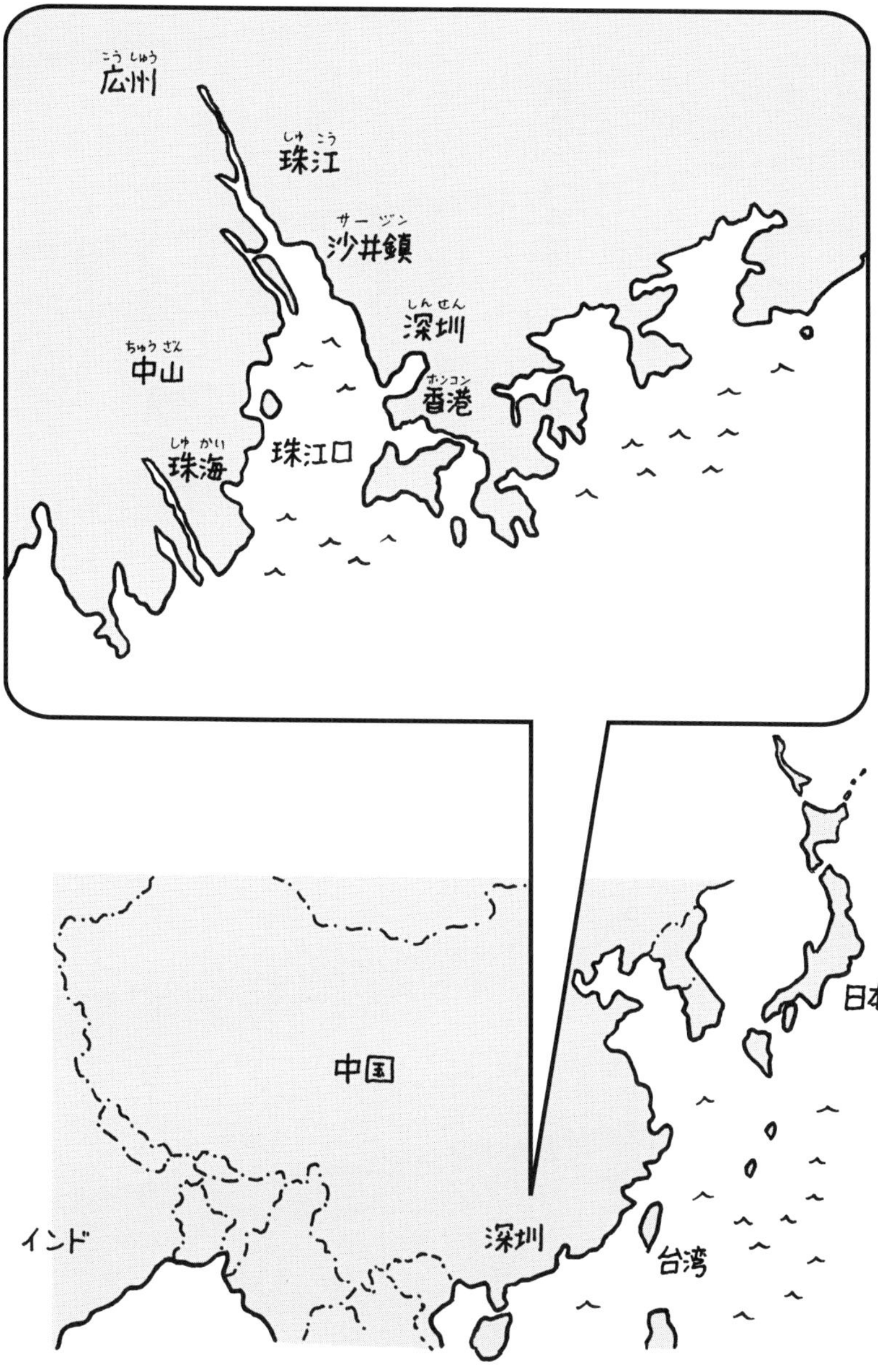
広州《こうしゅう》
珠江《しゅこう》
沙井鎮《サージン》
深圳《しんせん》
中山《ちゅうさん》
香港《ホンコン》
珠海《しゅかい》
珠江口
日本
中国
インド
深圳
台湾

す。通訳《つうやく》の方に聞くと、

「昔このあたりは、カキの養殖場《ようしょくじょう》でした。『沙井鎮《サージン》の干《ほ》しガキ』といえば有名ですよ。帰りにおみやげにどうぞ。」

というのです。海が見えました。珠江口《しゅこうこう》です。沙井鎮は、深圳市のなかでも珠江口に入《はい》りこんだようなところにある町です。

「カキの養殖場《ようしょくじょう》を見学したいのですが。」

と聞いてみました。

新昌《しんしょう》さんの養殖法《ようしょくほう》は中国でも

やがて大きな池が並《なら》んでいるのが見えました。通訳《つうやく》の方と知り合いらしいのです。池の土手の細い道を急ぐと、わたしによく似《に》た顔の男性《だんせい》が、ニコニコ笑って出迎《でむか》えてくれました。小舟《こぶね》に乗せてもらって池に出ました。くいが同じ幅《はば》に打たれていて、その上に竹が渡《わた》されていました。その竹にロープでカキがつり下げてあるのです。

珠江口《しゅこうこう》にあるカキの養殖場《ようしょくじょう》にて。

引き上げてもらうと、ロープの先の長さ一メートルほどの木の棒《ぼう》に、びっしりカキが付いています。殻《から》にギザギザのない丸っぽいカキです。五月ごろ、「雪条《せつじょう》」というコンクリートを塗《ぬ》った木の棒《ぼう》を浅瀬《あさせ》に刺《さ》して、稚貝《ちがい》を付着させて三年ほど育て、最後の仕上げに池で太らせるのだそうです。

「広州《こうしゅう》（深圳《しんせん》の北側の都市）には何種類かの形の違《ちが》うカキがありますが、もっとも多いのは青島《チンタオ》ガキと呼《よ》ばれるものです。身は白肉と赤肉がありますが、白肉は色味、質《しつ》とも上等で、沙井鎮はもちろん白肉です。」

と胸《むね》を張《は》りました。

カキの養殖場《ようしょくじょう》の持ち主は、彭波《ほうは》さんという方でした。漢字の名刺《めいし》を渡《わた》すと、とても喜《よろこ》んでくれました。わたしたちは、カキ兄弟ですね、と手をにぎりあいました。日本人のカキ生産者が訪《たず》ねてきたのは初めてだったそうです。

彭波さんは珠江口に何か所か養殖場《ようしょくじょう》を持っていますが、この場所が好きでここにいるときが多いということです。

池では、魚やエビ、カキをいっしょに育てているそうです。満《み》ち潮《しお》のときに水路から海水を入れ、干潮時《かんちょうじ》には一定の水位に保《たも》てる設計《せっけい》になっているそうです。

魚には毎日えさをやります。魚が食べ残したえさは、水槽《すいそう》の底にいるエビが食べます。魚やエビの排泄物《はいせつぶつ》は、やがて分解《ぶんかい》されて、窒素《ちっそ》やリンになります。南国の日の光を浴びて、植物プランクトンが増《ふ》え、それをカキが食べて太るのです。

養殖法《ようしょくほう》も変わってきました。一九五六〜五七年に、日本の垂下式《すいかしき》という方法が導入《どうにゅう》され、深い海での養殖《ようしょく》が可能《かのう》になり、生産量は一気に増《ふ》えました。

「宮城《みやぎ》新昌さんという日本の沖縄の方が発明した養殖法《ようしょくほう》のおかげです。中国の生産者はとても感謝《かんしゃ》しています。」

と、握手《あくしゅ》を求められました。わたしは思わず、天国の新昌さんに叫《さけ》びたくなりました。

「あなたが宮城の万石浦《まんごくうら》で苦労して見つけた養殖法《ようしょくほう》が、ここで生かされています。」

と――。彭波さんは、さらに説明してくれました。

「中国では、カキは生より干《ほ》して食べるほうがずっと多いです。旧暦《きゅうれき》の十月から翌年《よくねん》の三月までが製造《せいぞう》のシーズンで、年内は生のまま細い竹を刺《さ》して干《ほ》します。冬前の製品《せいひん》は光沢《こうたく》ゆでる。ゆでたら煮干《にぼ》しにします。年が明けると煮干しのある金色に仕上がり、味もよく、日持ちもいいです。年が明けると煮干しにします。ゆで汁《じる》は弱火で濃縮《のうしゅく》しオイスターソースをつくります。干《ほ》しガキは広東省沿岸《カントンしょうえんがん》を代表する産物で、珠海《しゅかい》、中山《ちゅうざん》、汕頭《さんとう》、そしてここ深圳《しんせん》・沙井鎮が有名です。体にもいいですよ。」

そしてお昼をごちそうしてくれるというのです。鉄鍋《てつなべ》にピーナッツ油を入れて熱し、香りを高めます。ショウガ、ネギ、カキを入れ、手早くいためて塩と、しょうゆで味をととのえれば「姜葱蚝《チャンソンハオ》」のできあがり。下味にはたっぷりオイスターソースが使われていました。

宮城新昌さんありがとう、と乾杯《かんぱい》しました。

コラム 4

縄文人《じょうもんじん》も栄養たっぷりのカキを養殖《ようしょく》?

みなさんは貝塚《かいづか》って知っていますか。大昔の人々が食べた貝の殻《から》を捨《す》てた場所です。世界各地でも発掘《はっくつ》されていますが、日本の縄文《じょうもん》時代のものがもっとも多いそうです。貝塚《かいづか》の中で多いのが、なんといってもカキの殻《から》です。

じつは、東京都北区上中里《きたくかみなかざと》には「カキ殻山《がらやま》」とよばれる中里貝塚《なかざとかいづか》がありま す。厚《あつ》さ最大四・五メートル、幅《はば》七十から百メートル、長さは六百から七百

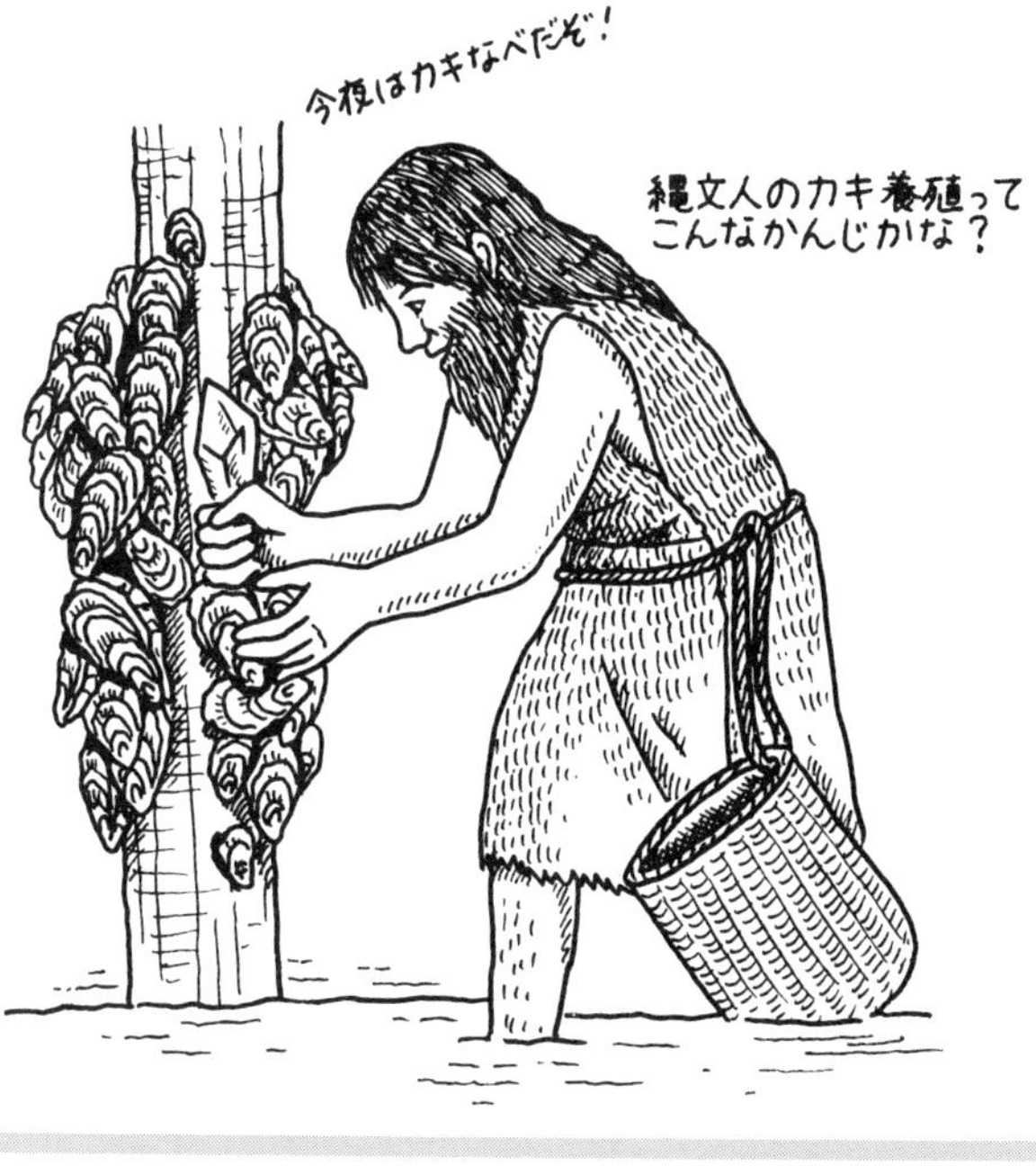
今夜はカキなべだぞ!
縄文人のカキ養殖って
こんなかんじかな?

メートルにもおよびます。その大きさからここは縄文人《じょうもんじん》が五百年間、カキ殻《がら》を捨《す》てた場所だといわれています。一九八六年には、発掘調査《はっくつちょうさ》が行われました。

でも、なぜ北区でカキがとれたのでしょう? 縄文《じょうもん》時代、中里の北側は東京湾《とうきょうわん》の海岸線でカキやハマグリがたくさんいる干潟《ひがた》だったのです。

東京湾には大きな川が何本も流れこんでいます。大昔は利根川《とねがわ》も流れこんでいました。東京湾は淡水《たんすい》と海水がまじりあっている汽水域《きすいいき》です。カキが育つには願ってもない環境《かんきょう》だったのです。カキのえさは植物プランクトンです。川の流域《りゅういき》の雑木林《ぞうきばやし》(東京では武蔵野《むさしの》が有名)の腐葉土《ふようど》の中にプランクトンを増《ふ》やす養分が含《ふく》まれていて、川がそれを運んだのです。

貝塚《かいづか》の近くには、クリの木のくいが並《なら》んで立っています。くいにはカキがたくさんついていたのです。海の中には、木を食う虫がいて、海に木が流れてくると、あっという間に食ってしまいます。ところがクリの木には、タンニンという成分が含《ふく》まれていて、虫は食わないのです。縄文人《じょうもんじん》は、経験的《けいけんてき》にそれを知っていたのですね。

潮《しお》が引いて、浅い所の海のカキをとっていくと、たちまちとりつくしてしまいます。そこで縄文人《じょうもんじん》は、クリのくいを打って、カキの子どもを付着させたのです。食べられる大きさになるまで、約二年はかかります。でも、クリのくいはびくともしません。縄文人《じょうもんじん》は、カキを養殖《ようしょく》していたのです。

カキの栄養でとくに有名なものはグリコーゲンです。カキはおいしいだけでなく、食べると元気が出て、体にいい食べ物であることも縄文人《じょうもんじん》は知っていたのでしょう。

第5章

地球初の生命体「ストロマトライト」から地球の健康を考える

オーストラリア／二〇〇八年

ハマスレー鉱山《こうざん》と世界《せかい》遺産《いさん》シャーク湾《わん》の鉄

初めての植物「シアノバクテリア」

黄砂《こうさ》のイメージってあまりよくないですよね。洗濯物《せんたくもの》が汚《よご》れる。ぜんそくの原因《げんいん》などともいわれています。

石川県の能登半島《のとはんとう》は岩ノリがとれるところとして有名です。岩ノリを採取《さいしゅ》しているおばさんたちから、黄砂《こうさ》が来ると、ノリの色がよくなり、グンと伸《の》びるという話は聞いていました。黄砂《こうさ》に含《ふく》まれる鉄分はノリも育てているのです。

海の生物と鉄分研究の第一人者である、北海道大学《ほっかいどうだいがく》の松永勝彦《まつながかつひこ》先生が、大気に含《ふく》まれる酸素《さんそ》について教えてくれました。(松永先生のことは、コラム⑤で詳《くわ》しくお話ししますね。)

わたしたちが吸《す》っている空気の中に約二十一パーセントの酸素《さんそ》が含《ふく》まれています。生まれたばかりの地球の大気には酸素《さんそ》が含《ふく》まれていませんでした。ほとんど、二酸化炭素《にさんかたんそ》(CO_2)だったのです。

三十五億年前、地球上に植物が生まれました。「シアノバクテリア」と呼《よ》ばれています。植物は光合成によって二酸化炭素《にさんかたんそ》（CO_2）をＣ（炭素《たんそ》）とO_2（酸素《さんそ》）に分けます。三十五億年かかって、大気中に二十一パーセントの酸素《さんそ》が含《ふく》まれるようになったのです。

シアノバクテリアのかたまり（ストロマトライト）を肉眼《にくがん》で見られるところがあります。オーストラリアの世界遺産《せかいいさん》、シャーク湾《わん》のハメリンプールです。

「その近くに世界最大の鉄鉱石鉱山《てっこうせきこうざん》ハマスレー鉱山《こうざん》があります。」

という松永先生の説明でした。いつかそこへ行ってみたいと思っていました。

なんと、その夢が実現《じつげん》したのです。きっかけは環境《かんきょう》関係の集まりで、となりの席に座《すわ》っていた篠上雄彦《しのがみかつひこ》さんとの出会いです。なんと日本一の製鉄会社《せいてつがいしゃ》の日本製鉄《にっぽんせいてつ》（当時・新日本《しんにっぽん》製鉄《せいてつ》）環境部《かんきょうぶ》の社員でした。

製鉄会社《せいてつがいしゃ》は鉄をつくるため大量の石炭を燃《も》やします。そのためたくさんの二酸化炭素《にさんかたんそ》を排出《はいしゅつ》しています。いっぽうで、鉄は植物を増《ふ》やし、それは二酸化炭素《にさんかたんそ》を減《へ》らすことを意味しています。わたしは会社の偉《えら》い人たちが集まる取締役会《とりしまりやくかい》から講演《こうえん》を頼《たの》まれたのです。

赤褐色《せっかっしょく》の大地

その結果、篠上さんを案内役に、ハマスレー鉱山《こうざん》とシャーク湾《わん》へ視察《しさつ》に行くことになったのです。まずオーストラリアのパースからシャーク湾のあるモンキーマイアに向かいました。

シアノバクテリアは昼は立っていて、夜は横になります。そのとき、泥《どろ》や砂《すな》を抱《だ》きます。何千年も繰《く》り返《かえ》していると直径一メートルほどのかたまりになります。これがストロマトライトです。水中をのぞくと細かい空気の泡《あわ》が立ち上っています。光合成で酸素《さんそ》が出

ストロマトライトの成長

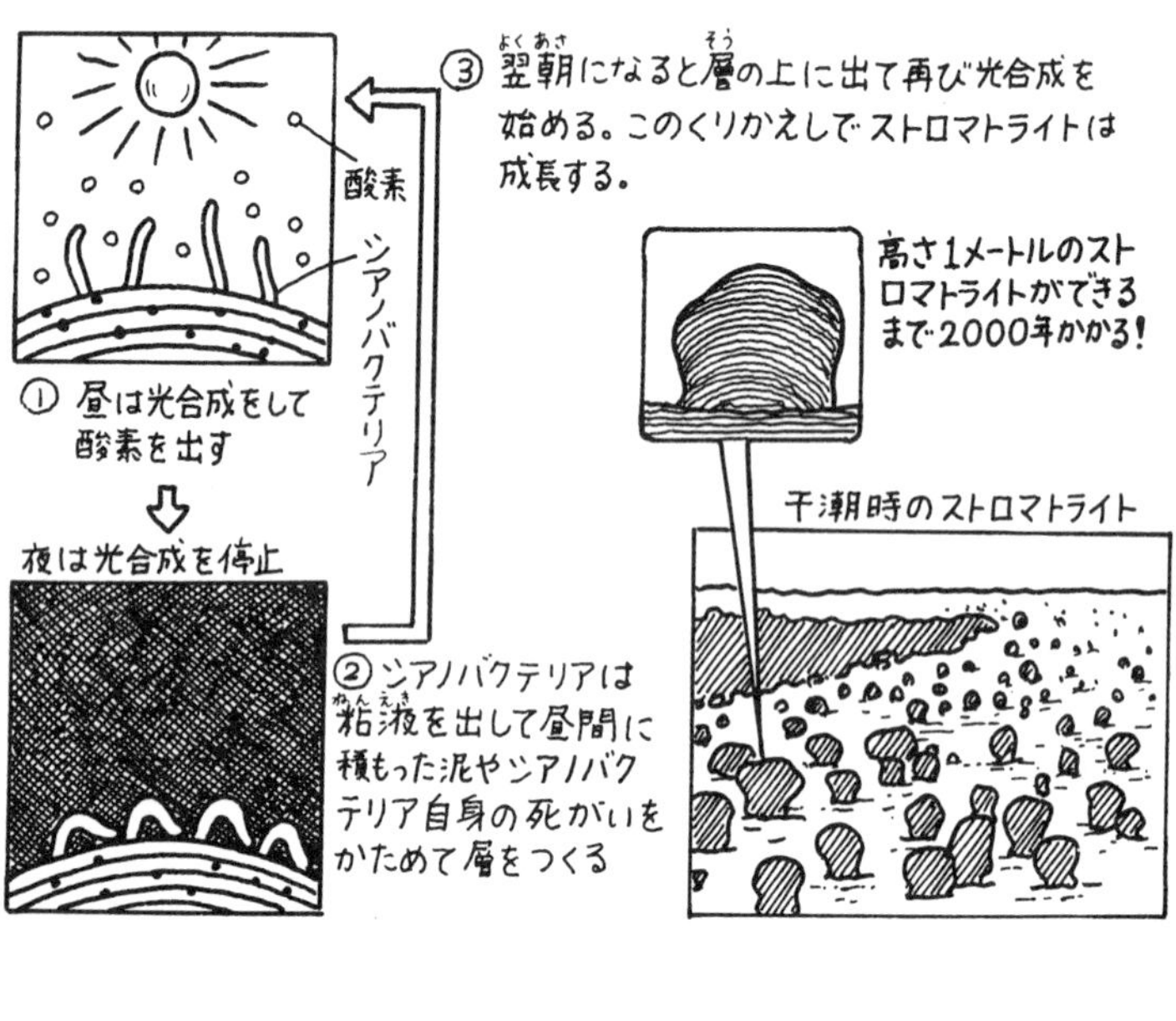
酸素
シアノバクテリア
① 昼は光合成をして酸素を出す
夜は光合成を停止
② シアノバクテリアは粘液《ねんえき》を出して昼間に積もった泥やシアノバクテリア自身の死がいをかためて層をつくる
③ 翌朝《よくあさ》になると層《そう》の上に出て再び光合成を始める。このくりかえしでストロマトライトは成長する。
高さ1メートルのストロマトライトができるまで2000年かかる!
干潮時のストロマトライト

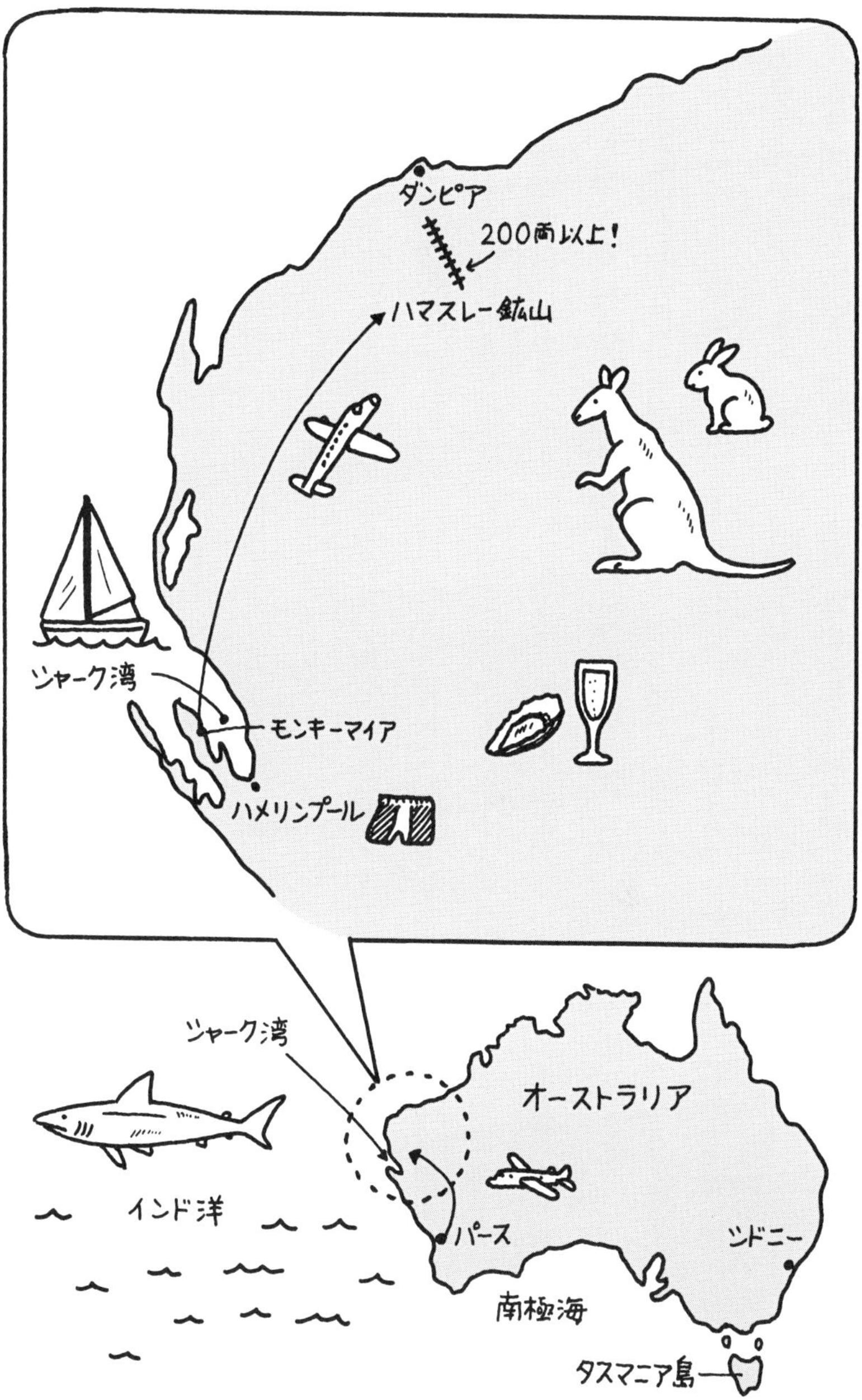

ダンピア
200両以上！
ハマスレー鉱山
シャーク湾
モンキーマイア
ハメリンプール
シャーク湾
オーストラリア
インド洋
パース
シドニー
南極海
タスマニア島

ているのです。いまわたしたちが生存《せいぞん》しているのは、植物による光合成のおかげであることがよくわかります。

オーストラリアのシャーク湾《わん》の光景は、カキじいさんに植物と鉄の深いつながりについて確信《かくしん》をもたらしてくれました。

地球上に最初に生まれた植物が光合成をしている姿《すがた》を、自分の目で見ることができたからです。この湾《わん》の外はインド洋《よう》です。ここは植物に必要な窒素《ちっそ》やリンの豊富《ほうふ》な海水（深層水《しんそうすい》）が湧《わ》き上《あ》がってきていて、周りはどこまでも広がる赤褐色《せっかっしょく》（鉄鉱石《てっこうせき》）の大地です。

小さなプロペラ機でシャーク湾《わん》からハマスレー鉱山《こうざん》に向かいました。赤褐色《せっかっしょく》の大地の周辺は、鮮《あざ》やかな緑です。ここは世界一のアマモ（細長い海草）の森が広がっています。アマモを食べる動物の代表がジュゴンです。一頭が一日、五十キログラム食べるそうです。ジュゴンが一万頭もいるんですよ。食べても食べてもアマモが生えてくるのです。鉄の力を見せつけられました。

ハマスレー鉱山《こうざん》までのフライト中、リオ・ティント社（世界二位の鉱山会社《こうざんがいしゃ》）の方から説明を受けました。今回訪問《ほうもん》するのは、リオ・ティント社のトム・プライス鉱山《こうざん》です。

一九五九年、軽飛行機が不時着したことでまったく偶然《ぐうぜん》に発見されたのだそうです。鉄鉱床《てっこうしょう》の長さは数百キロメートル、世界中の製鉄会社《せいてつがいしゃ》が利用できる鉄の原料の三分の一がここにあるそうです。

植物がつくる鉄

海水の中に溶《と》けていた鉄が、植物プランクトン、海藻《かいそう》の光合成で発生した酸素《さんそ》によって酸化《さんか》され、粒子《りゅうし》となって海底に堆積《たいせき》したのです。海流の働きで、鉄が海底に集まったのです。

バケツに泥《どろ》を入れて、グルグルかきまぜると、まん中に集まるでしょう。あんなイメージです。

そして地殻変動《ちかくへんどう》で地上に押《お》し上《あ》げられたというのです。飛行機から見える大地が赤っぽくなってきました。川が赤いのです。リオ・ティントとは、スペイン語で「赤い川」という意味だそうです。

鉱山事務所《こうざんじむしょ》に行き、カキ養殖業《ようしょくぎょう》の名刺《めいし》を出しました。

「あなたは世界一の鉄鉱山《てっこうざん》を訪《おとず》れた、初めての漁師《りょうし》です。」

といわれました。

鉄鉱石《てっこうせき》を掘《ほ》っている場所の山肌は、どこを見てもシマシマです。植物が成長したときは広く、成長しないときは幅《はば》がせまい木の年輪のようなものです。植物の光合成で放出した酸素《さんそ》の量と比例《ひれい》しているのです。

鉄を掘《ほ》る現場《げんば》へ

この山のもっとも新しい層《そう》は、約十七億年前のものだそうです。つまりそれは、海にあった最後の鉄からできた層《そう》で、十七億年前から海に鉄がすっかりなくなったことを意味します。

オーストラリアの広大な大地に広がるハマスレー鉱山《こうざん》。

高台から露天掘《ろてんぼ》りの現場《げんば》を見下ろしました。写真では見ていましたが、日本では想像《そうぞう》もつかない光景です。鉄鉱《てっこう》マンの篠上さんも丸い目を見開き「すごいものですね」と驚《おどろ》いています。十五億年以上かけて沈《しず》み続《つづ》けた鉄のかたまりである山を掘《ほ》り出《だ》しているのです。

グルグル回るようにつくられた道を、下までおりていきました。

「危険《きけん》なので、ふつうはここまで来られませんが、今回は特別なお客様ですので。」

と担当《たんとう》者が、ウインクしました。わたしも細いカキのような目で、送り返しました。

上からは小さく見えていたダンプカーやブルドーザーの巨大《きょだい》なこと。タイヤだけで背丈《せたけ》の三倍はあります。コマツや日立建機《ひたちけんき》など日本製《にほんせい》でした。

この中にあるトム・プライス鉱山《こうざん》は鉄の含有量《がんゆうりょう》が六十パーセント以上という世界一品質《ひんしつ》のよい鉱山《こうざん》だそうです。もう五十年以上も掘《ほ》り続《つづ》けていて、学校や病院もある人口五千人の町になっているのです。

掘《ほ》った鉱石《こうせき》はそのまま売れるわけではありません。製鉄所《せいてつじょ》がある地まで運ぶ運賃《うんちん》を減《へ》らすため、なるべく純度《じゅんど》を高くしなければなりません。

生の鉄鉱石《てっこうせき》を砕《くだ》いて選別し、さまざまな処理《しょり》をします。そのための工場もあります。でも発見された当時、ここトム・プライス鉱山《こうざん》は、アメリカからもヨーロッパからも遠いので、なかなか鉄鉱石《てっこうせき》の買い手がつかなかったのです。そこに訪《おとず》れたのが日本の日本製鉄（当時・八幡製鐵《やわたせいてつ》）の社員でした。将来性《しょうらいせい》を見きわめ、いち早くトム・プライス鉱山《こうざん》と長期の買い入れ契約《けいやく》を結びました。それで設備投資《せつびとうし》ができるようになったのです。

もっともお金がかかるのが、積み出し港までの鉄道を敷《し》くことです。一キロメートルにつき十億円。インド洋のダンピア港まで四百五十キロメートル、鉄道だけで四千五百億円の投資《とうし》が必要でした。

ものづくり大国日本の生命線

日本は一九六六年からずっと買い続けていて、輸入《ゆにゅう》する鉄鉱石《てっこうせき》の六十五パーセント（二〇〇〇年ごろまで）がこの地域《ちいき》の鉱山《こうざん》からだそうですから、ここはものづくり大国日本の生命線といえます。

ここから運び出された鉄が、ここで働くブルドーザーや、巨大《きょだい》なダンプカーに姿《すがた》を変えて戻《もど》ってきているのですから、日本の置かれている立場がよくわかりますね。

わたしが小学生だったころ、日本は「持たざる国」（資源《しげん》が少ない国）といわれていたことを思い出しました。その後、中国が鉄の生産で世界一となり、この地域《ちいき》の鉄鉱石《てっこうせき》は奪《うば》い合《あ》いになりました。当然価格《かかく》はうなぎのぼりになりました。二十四時間フル生産しても注文に応《おう》じきれません。

鉄鉱石《てっこうせき》を満載《まんさい》した貨物列車が走ってきました。積み出し港のダンピア港まで時速八十キロメートルで六時間ぐらいかかるそうです。列車の車両の数を一、二……と数えてみました。なんと二百八両。鉄はいろいろなことを教えてくれます。

南極海は、「地球の肺《はい》」

日本に帰る日がやってきました。

日本に向けてパースを飛び立った飛行機は、インド洋上を飛んでいます。インド洋の南は南極海《なんきょくかい》です。南極海は全海洋の五〜七パーセントを占《し》め、全海洋とつながっていることから「南大洋《なんたいよう》」と呼《よ》ばれています。

「HNLC海域《かいいき》」という海域《かいいき》があります。Hはハイ（たくさんある）、Nはニュートリエント（肥料分《ひりょうぶん》）、Lはロー（少ない）、Cはクロロフィル（葉緑素《ようりょくそ》）を意味する言葉です。窒素《ちっそ》やリンなどの植物を育む養分はいっぱい含《ふく》んでいるのに、葉緑素＝植物プランクトンの発生が少ない海域《かいいき》のことです。この海域《かいいき》があることはずっと謎《なぞ》でした。

一九八九年、アメリカのジョン・マーチン博士が、「それは鉄分が不足しているため」とイギリスの科学誌《かがくし》『ネイチャー』に発表し、海洋生物学者に大きな衝撃《しょうげき》を与《あた》えたのでした。マーチン博士は海水を採取《さいしゅ》し、ほんの少し鉄を入れる実験をしたのです。すると、鉄を入れた海水には大量にプランクトンが増《ふ》え、鉄を入れない海水は何の変化もなかったのです。

南極大陸にあるロシアのボストーク基地《きち》で採取《さいしゅ》された氷柱の分析《ぶんせき》により、近くの大陸から大量の砂《すな》が飛んだときは大気中の二酸化炭素《にさんかたんそ》（CO_2）濃度《のうど》が低く、地球は寒かったのです。砂《すな》が少ないときはCO_2濃度《のうど》が高く、地球は暖《あたた》かかったのです。

近くの大陸とは、そうです、オーストラリアです。オーストラリアの鉄を含《ふく》んだ砂《すな》によって、地球は暖《あたた》かかったり寒かったりするのです。それは、光合成をする南極海の植物プランクトンの量によってCO_2濃度《のうど》が高くなったり低くなったりするからです。南極海って、地球の肺《はい》のような役目をしているんですよ。

化石燃料《かせきねんりょう》と温暖化《おんだんか》

地球上に初めて現《あらわ》れた植物の元祖《がんそ》、シアノバクテリアをこの目で見たのです。その塊《かたまり》であるストロマトライトが光合成で酸素《さんそ》を放出しているのも見たのです。

生まれたばかりの地球を囲《かこ》む大気のほとんどは二酸化炭素《にさんかたんそ》（CO_2）でした。植物の光合成の力で大気中の酸素《さんそ》は二十一パーセントになりました。三十億年もかかって、です。では炭素《たんそ》（C）はどこへ行ったのでしょう。

たとえば木が生長すると、太い幹《みき》になりますよね。枝《えだ》や葉もできます。これは全部炭素《たんそ》なのです。やがて、火山の爆発《ばくはつ》や地殻変動《ちかくへんどう》などによって土砂《どしゃ》に埋《う》まって化石のようになったのが石炭です。

動物の体も、ほとんど炭素《たんそ》でできています。地球の七割《わり》は海ですよね。海には光合成によって植物プランクトンが大量に発生します。これを動物プランクトンが食べて、さらにイワシ、マグロ、シャチ、クジラと食物連鎖《しょくもつれんさ》が続きます。生き物は全部死んで、海底に落ちてゆき地底に埋《う》まります。こうしてできたのが石油です。

石炭や石油を化石燃料《かせきねんりょう》といいますよね。化石燃料《かせきねんりょう》をまだ使わなかったときの大気中のCO_2濃度《のうど》は約二百八十ppmでした。現在《げんざい》は四百ppmぐらいです。人類最大の問題といわれる地球温暖化《おんだんか》は、人類が化石燃料《かせきねんりょう》に手をつけたからです。

文明の近代化は、石炭という化石燃料《かせきねんりょう》を使用することからはじまりました。やがて石油の使用がはじまりました。

これでは地球が暖《あたた》かくなるのは当然ですよね。

植物の光合成の枠《わく》の中で生活しなければならないのは、目に見えています。ところが人類は光合成をしてくれている森林を破壊《はかい》し続けています。ダブルパンチですよね。

わたしたちは、いいカキを育てるために一九八九年（平成元年）から気仙沼湾《けせんぬまわん》にそそぐ大川流域《おおかわりゅういき》の山に木を植え続けてきました。スローガンは「森は海の恋人《こいびと》」です。

森林の腐葉土《ふようど》を通った水の中に、植物プランクトンを育む養分が含《ふく》まれていることを知ったからです。漁師《りょうし》の活動が、陸の森と海の森を大きくし、地球温暖化防止《ちきゅうおんだんかぼうし》に役立つことも知ったのです。

異業種交流《いぎょうしゅこうりゅう》の大切さ

オーストラリアの旅はわたしに地球を俯瞰《ふかん》（高いところから見ること）する目を与《あた》えてくれました。

それもこれも、松永先生と出会い、植物が生長するのにもっとも大切な成分は、鉄であることを教えてもらっていたからです。そして、日本製鉄《にっぽんせいてつ》の社員と出会い、オーストラリアの鉄鉱山《てっこうざん》への旅が実現《じつげん》したのです。

やはり人間はときどき、異業種《いぎょうしゅ》（自分とは別の仕事や分野）の人と交流することが大切なんだな、と学ばされました。

今、人間は地球温暖化《ちきゅうおんだんか》のことで右往左往《うおうさおう》していますが、植物と鉄との関係を知っていれば、こんな騒《さわ》ぎにはなっていなかったはずです。何回もいいますが、人類は植物の光合成の枠《わく》の中で生活してゆかねば未来はないのです。偉《えら》い学者の先生は、

「カキ漁師《りょうし》のくせに根拠《こんきょ》のないことをいうな。」

というかもしれません。

でも、植物プランクトンをえさにするカキを養殖《ようしょく》している漁民でなければ、見えない世界があるのです。オーストラリアの世界遺産《せかいいさん》シャーク湾《わん》や、世界最大の鉄鉱石鉱山《てっこうせきこうざん》ハマスレー鉱山《こうざん》に行っても、カキ漁師《りょうし》にしか見えない世界があるのです。

松永先生の説明を思い出していました。

北海道の函館湾《はこだてわん》に流入する久根別川河口《くねべつがわかこう》の海は、一立方メートルあたり一年間に一キログラムのプランクトンを生産する力があります。これは熱帯雨林と同じぐらいの力だというのです。

みなさんは南アメリカにあるアマゾンの熱帯雨林を知っていますね。地球の肺《はい》などといわれています。というのは、この森林は光合成によって、地球の大気の二十一パーセント

にあたる酸素《さんそ》を放出しているからです。

でも、久根別川河口《かこう》の汽水域《きすいいき》は、植物プランクトンを生産する力が、同じ面積（単位面積といいます）あたりで、アマゾンの熱帯雨林と同じぐらいだというのです。森林の栄養分が川から海に流《なが》れこんでいるからです。

コラム 5 生命にとって鉄はどれほど大切なの？

もう何十年も前のことです。ＮＨＫの番組に松永《まつなが》先生が出演《しゅつえん》されていました。松永先生は、海水の中に含《ふく》まれる微量《びりょう》成分の分析《ぶんせき》が専門《せんもん》の分析《ぶんせき》化学者です。『森が消えれば海も死ぬ　―陸と海を結ぶ生態学《せいたいがく》』という本を書かれています。

松永先生は、川の流域《りゅういき》の森林全部が、魚を育む「魚《うお》つき林《りん》」の役目をしているといいます。森林の落ち葉が腐《くさ》ると、腐葉土《ふようど》になります。この中に、海の植物プランクトンを育てる養分が含《ふく》まれているというのです。わたしはすぐに北海道大学《ほっかいどうだいがく》に行き、松永先生に教えを請《こ》いました。そして、「鉄と植物プランクトン」のお話を伺《うかが》ったのです。

今から約四十六億年前、地球が生まれました。そのころ、地球のまわりの大気はほとんどが水蒸気《すいじょうき》で、二酸化炭素《にさんかたんそ》と窒素《ちっそ》が混《ま》じっていて、酸素《さんそ》がほとんどありませんでした。やがて地球は冷えてきて水蒸気《すいじょうき》が水となり、酸性雨《さんせいう》が降《ふ》ったのです。酸《さん》は地表の鉄を溶《と》かし、海水に鉄が流れこみました。じつは地球の三分の一は鉄でできています。地球は鉄の惑星《わくせい》なのです。

やがて「シアノバクテリア」という植物が地球に生まれ、光合成を開始したのです。光合成によって海水中に酸素《さんそ》が増《ふ》えると、鉄は酸化《さんか》し、粒子《りゅうし》になります。粒子《りゅうし》は重く、海底にどんどん沈《しず》んでいきます。約十五億年かかって、海水から鉄が消えたのです。だから海は貧鉄《ひんてつ》だというのです。

カキのえさになる植物プランクトンは、鉄がなければ増《ふ》えることができません。植物は光合成によって二酸化炭素《にさんかたんそ》（CO_2）をC（炭素《たんそ》）とO_2（酸素《さんそ》）に分けます。地球の七割《わり》は海ですが、人間の出しているCO_2の大部分は植物プランクトンが光合

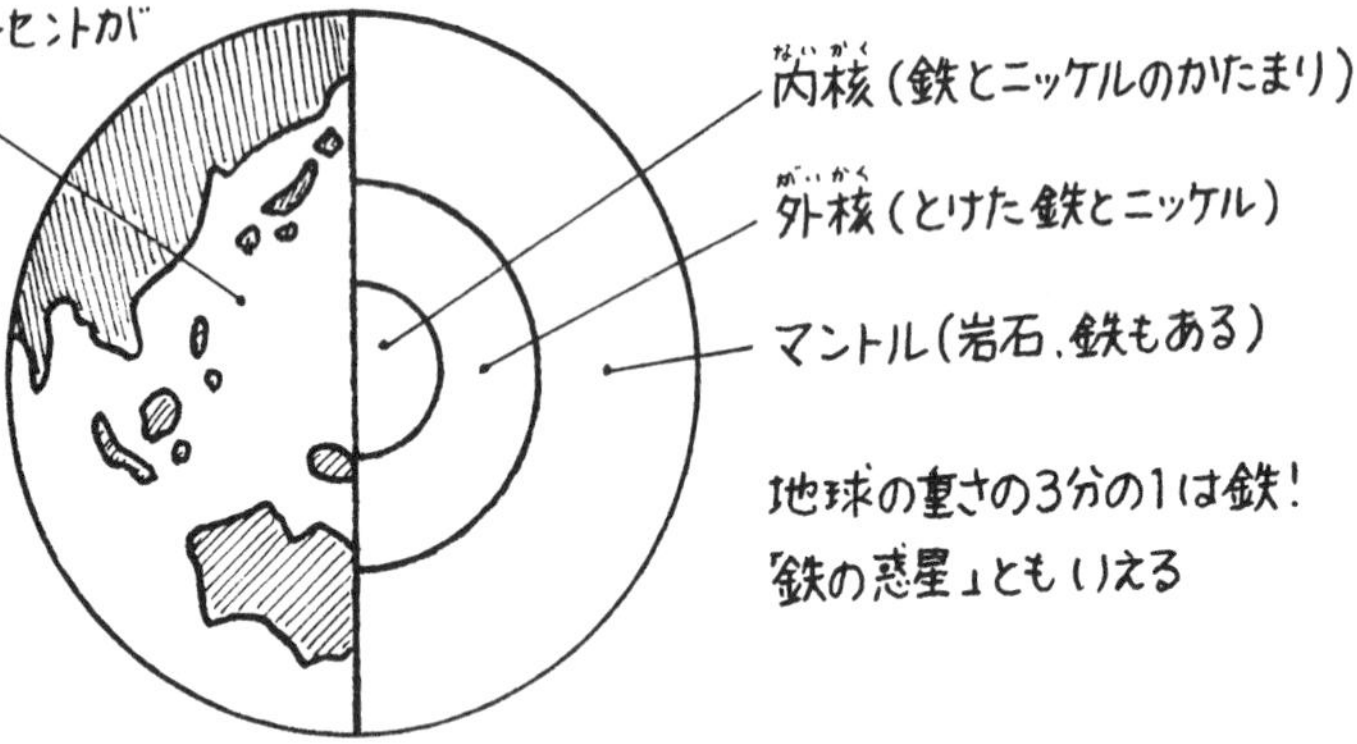

表面の70パーセントが
海なので
「水の惑星」
内核《ないかく》（鉄とニッケルのかたまり）
外核《がいかく》（とけた鉄とニッケル）
マントル（岩石、鉄もある）
地球の重さの3分の1は鉄！
「鉄の惑星」ともいえる

成をして取りこんでいるのだそうです。海にも大切にしたい大森林があるのですね。

では、鉄はどこから来たのでしょう。一つ目の道は、山から栄養分として流れてくるものです。二つ目の道は、中国大陸から飛んでくる黄砂《こうさ》の中に濃《こ》い「鉄分」が含《ふく》まれているのです。分析化学者《ぶんせきかがくしゃ》は、海ばかりか空中の物質《ぶっしつ》も調べているのです。

第6章

ルイ・ヴィトン発祥《はっしょう》の地フランスでカキ交流を深める

フランス／二〇一一年〜二〇一四年

パリ・アニエールで会った職人気質《しょくにんかたぎ》の「石頭（ヴィトン）」

東日本大震災《ひがしにほんだいしんさい》の大津波襲来《おおつなみしゅうらい》

二〇一一年（平成二十三年）三月十一日。三陸《さんりく》リアスの海は静かな朝をむかえていました。

北国に春をつげるマンサクの花が咲《さ》きはじめ、海ではワカメの収穫《しゅうかく》がはじまっていました。カキやホタテ貝も大きく育っていました。朝から水あげや、出荷作業《しゅっかさぎょう》で大いそがしでした。

お昼すぎ、一段落《いちだんらく》したので、カキのいけすの上にあるわたしの書斎小屋《しょさいごや》で、しめきりが近くなっていた原稿《げんこう》を書いていたのです。二時半過《す》ぎ、小さな地震《じしん》を感じました。五年ほど前から地震《じしん》を感じることが多かったのです。

そのたびに、集落ごとにとりつけてあるスピーカーから「ただいま地震《じしん》がありました。津波《つなみ》の心配はありません。」と繰《く》り返《かえ》されることが多く、この日も「またか。」と思った人が多かったと思います。でも、ゆれが大きくなり、棚《たな》の上の本がどんどん落ちてきます。

サイレンが鳴り、スピーカーから「三陸地方に大津波警報《おおつなみけいほう》が発令されました。すぐ避難《ひなん》してください。」と放送されたのです。

三陸リアス海岸は、昔から津波《つなみ》に襲《おそ》われる地として知られています。津波《つなみ》は台風などの波とちがい、水面から海底までの海水が全部動いてきます。波は、島などがあれば、くだけてしまいますが、津波《つなみ》は川のように海水全体が動いてきますから、どんなに入り組んだ地形でも湾《わん》の奥《おく》までやってくるのです。

さらに、湾《わん》の奥《おく》は水深が浅くなりますから、どこまでも海水が盛《も》り上《あ》がるのです、

電柱を超《こ》える水の壁《かべ》

わたしが経験《けいけん》した津波《つなみ》は、一九六〇年のチリ地震津波《じしんつなみ》です。太平洋の対岸の遠いチリ（南アメリカ）で起こった大地震《おおじしん》によりやってきたものです。気仙沼水産高校《けせんぬますいさんこうこう》二年生のときでした。わたしの住んでいる舞根湾《もうねわん》では、流された家はありませんでした。しかし、カキの養殖《ようしょく》いかだに大きな被害《ひがい》があり、復興《ふっこう》に長い時間がかかったのです。

二〇一一年の地震《じしん》は、三十分ほど海に動きはありませんでした。やがて潮《しお》が引きはじめたのです。チリ地震津波《じしんつなみ》のときとは、様子が違《ちが》います。潮《しお》が引いたと思ったらぐんぐん海面が盛《も》り上《あ》がり、七〜八メートルの高さになって押《お》し寄《よ》せてきたのです。

「逃《に》げろ。」

という声がそこここから上がり、わたしは高台の自宅《じたく》の庭までかけ上がりました。

わたしの家は海辺からすぐの海抜《かいばつ》二十五メートルほどの高台に建っているのです。下のほうの家は、どんどんのみこまれていきます。養殖《ようしょく》いかだや船も押《お》し流《なが》されていきます。

やがて、引き波に変わりました。

津波《つなみ》のこわさは、引き波にあることは経験《けいけん》していました。樹齢《じゅれい》百年はある、見覚えのあるイチョウの大木が立ったまま流れてきました。大きな根っ子を抱《かか》えたままです。びっくりしてしまいました。

いけすの上にあるわたしの書斎小屋《しょさいごや》も、あっさり流されてしまいました。

第二波が来ました。

電柱の高さを超《こ》えるような水の壁《かべ》です。第二波で、わたしの家より下の家は、全部消えてしまいました。どこまで波が上がってくるのか、想像《そうぞう》がつきません。少しでも遠いところに逃《に》げなきゃ、と思いました。三歳《さい》の孫の慎平《しんぺい》をかかえて、裏山《うらやま》の雑木林《ぞうきばやし》を、上へ上へと這《は》い上《あ》がりました。犬のローリーとハナも放しました。

高い所から海を見ると、家の屋根が次々に流れてゆくのが見えました。山の奥《おく》のほうまで行ってみると、避難《ひなん》してきた人たちが三十人ほどかたまっていました。みんな家を流され、着のみ着のままです。でも、意外なことにみんな淡々《たんたん》としています。泣きさけんだりしている人は、一人もいません。三陸の海辺に暮《く》らす人々は、津波《つなみ》はしかたがないと、あきらめの気持ちがあるのです。

夕暮《ゆうぐ》れが近づき、寒くなってきました。八十歳《さい》を過《す》ぎた人もいます。とにかく今夜を乗り切らなければなりません。

電気・ガス・水道は止まり、ラジオだけが情報源《じょうほうげん》

暗くなってきて、雪も降《ふ》ってきました。杖《つえ》をついているおばあちゃんもいます。みんなで支《ささ》えあって、わたしの家に向かいました。

雑木林《ぞうきばやし》のすきまから、そっとのぞいてみました。黒い瓦屋根《かわらやね》が見えます。わたしの家は流されなかったのです。急いでみんなのところに戻《もど》り、家が無事だったと伝えると、みんなほっとした顔になりました。自宅《じたく》を開放し、お年寄《としよ》りと女性《じょせい》たち優先《ゆうせん》で部屋に入ってもらい、男たちは廊下《ろうか》や、車の中で寒さをしのぎました。

電気、水道、電話は止まり、ケータイも通じません。ポータブルラジオが唯一《ゆいいつ》の情報源《じょうほうげん》です。被害《ひがい》は、茨城県北部から青森県の八戸《はちのへ》まで五百キロメートルにわたっていて、亡《な》くなった人は、万を超《こ》えている、というのです。福島の原子力発電所のことも報《ほう》じられはじめました。千年に一度という、歴史的大災害《れきしてきだいさいがい》のまっただ中にいるのだということがひしひしと伝わってきて胸《むね》が苦しくなるばかりでした。

ドカン、ドカン、気仙沼市街《けせんぬましがい》のほうから爆発音《ばくはつおん》が聞こえてきました。石油タンクに火がついたのではと思いました。真っ黒い煙《けむり》が空いっぱいに広がってきたのです。

母の死

一夜明けて、朝日の中に見えてきた光景は忘《わす》れることができません。

湾《わん》をとりかこむように海辺に建っていた家が、一軒《けん》もないのです。養殖場《ようしょくじょう》の作業場と事《じ》務所《むしょ》は、土台だけ残して消えていました。残っているのは、コンクリートの水槽《すいそう》だけです。

水槽《すいそう》をとりかこんでいる鉄骨《てっこつ》の建物は、見るも無残に折れ曲がり、ガレキの山となっています。体験学習のためにつくった四十人乗りの木造船《もくぞうせん》「あずさ丸《まる》」も、姿《すがた》を消していました。

何より残念だったのは、いけすの上に建っていたわたしの書斎小屋《しょさいごや》が流されたことです。二十二年間続けてきた、漁師《りょうし》による森づくり「森《もり》は海《うみ》の恋人運動《こいびとうんどう》」の記録がそこにあったのです。特に体験学習でやってきた子どもたちの感想文を失ったことは、今でも残念でしかたがありません。一万通近くあり、整理して本にしようと思っていたからです。がっかりしたわたしの姿《すがた》を見て、ご婦人《ふじん》たちが声をかけてきました。

「カキじいさんらしくないですよ。」と。

朝ご飯をつくらなければなりません。台所が問題でした。プロパンガスのレンジからIH調理器《ちょうりき》に換えていたのです。停電《ていでん》になるとIH調理器《ちょうりき》はただの鉄の板です。ご婦人《ふじん》たちはレンガを積んで即席《そくせき》のかまどをつくり、山から枯《か》れ木《き》を集めてきて、もうご飯を炊《た》きはじめています。

あっという間におにぎりができ、味噌汁《みそしる》や焼き魚も出てきました。この二十二年間「森は海の恋人運動」でおおぜいのお客さんをむかえることが多く、百人単位の食事をつくってきたので、チームワーク抜群《ばつぐん》です。

気がかりなのは、街の施設《しせつ》にいる母の安否《あんぴ》です。電柱が全部倒《たお》れていて、道をふさいでいます。舞根峠《もうねとうげ》を越《こ》えて街まで歩いていこう、と次男の耕《こう》とでかけました。太平洋戦争の末期に、一歳半《さい》だったわたしを背負《せお》って上海《シャンハイ》から日本に帰りついた運の強い母です。もしかしたら助かっているかもしれない、と自分に言い聞かせました。

母の入所している施設《しせつ》が見えました。二階の窓《まど》は割《わ》れ、一階は波が突《つ》き抜《ぬ》けめちゃくちゃに壊《こわ》れています。看護師《かんごし》さんに母の安否《あんぴ》を問いますと、下を向き、「残念です。」と告《つ》げられたのです。津波《つなみ》で体が水浸《みずびた》しとなり、低体温症《ていたいおんしょう》で息を引きとったそうでした。この施設《しせつ》で暮《く》らしていた方の約半数が亡《な》くなったのです。終戦時は二十歳《はたち》だった母も、あのときは九十三歳《さい》。あの大津波《おおつなみ》に立ち向かうのは無理だったのです。

母は椿《つばき》が好きでした。耕は椿《つばき》の花柄《はながら》の手ぬぐいを持参していて、そっと顔にかけてあげました。思っていたより柔和《にゅうわ》な死に顔であったことが、ただ一つの救《すく》いでした。

カキ好きのフランス人、ルイ・ヴィトンのメール

わたしの暮《く》らす舞根《もうね》地区《ちく》も家を流された人が多く、ほとんどの人が仮設住宅《かせつじゅうたく》に住んでいました。仕事を失ってしまった人も多かったのです。

わたしの養殖場《ようしょくじょう》も働く人を雇《やと》いたいのですが、給料を払《はら》うのが大変なのです。カキの種《しゅ》苗《びょう》をいかだにつり下げましたが、収獲《しゅうかく》できるのは一年後です。それまで収入《しゅうにゅう》がないのですから。

震災《しんさい》発生からまだ日も浅い三月のある日、息子《むすこ》が、

「フランスのルイ・ヴィトン社から、お父さんを支援《しえん》したいというメールが入っているよ。」

と教えてくれたのです。ルイ・ヴィトンはフランスの高級ブランドです。読者のみなさんだって、「えっ。」と思うでしょう。ゴム長靴《ながぐつ》と合羽《かっぱ》姿《すがた》で働いている漁師《りょうし》からは、もっとも遠い存在《そんざい》ですよね。

でも、わたしにはピンときました。日本とフランスには、カキの種苗《しゅびょう》を通して深い関係があったからです。世界でもっともカキが好きな国民はフランス人です。フランス人にとってカキは、日本人がおすし屋さんで食べるマグロのようなものだからです。

今から六十年ほど前ですが、フランスのカキ養殖《ようしょく》に大問題が起こりました。ウイルス性《せい》の病気が発生し、ほぼ全滅《ぜんめつ》しかけたのです。「おすし屋さんからマグロが消えた」と思えば大きな問題だと想像《そうぞう》できるでしょう。

フランスのカキを救《すく》ったのは、宮城種《みやぎだね》です。北上川《きたかみがわ》の河口《かこう》でとれるマガキの種苗《しゅびょう》です。成長が早く、おいしく、病気に強いという優良種《ゆうりょうしゅ》なのです。東北大学《とうほくだいがく》のカキ博士だった今《いま》井丈夫《いたけお》先生が仲立ちし、フランスに送ったのです。なんと、まったく病気が出ず、見事に成長し、フランスのカキ養殖《ようしょく》は復活《ふっかつ》したのです。

カキ好きのフランス人は、そのことを恩義《おんぎ》に感じてくれていたのですね。

東日本大震災が発生してから、ルイ・ヴィトン社は支援先《しえんさき》をどこにするか、慎重《しんちょう》に検討《けんとう》したそうです。

ルイ・ヴィトン社は、もともと環境保全活動《かんきょうほぜんかつどう》に関心がありました。木のトランクの製作《せいさく》がルーツなので、森林を大切にする社風が続いていて、日本でも長野で「ルイ・ヴィトンの森《もり》」という森づくりをしています。「森は海の恋人運動」には、以前から関心があり、

今回の震災《しんさい》の支援先《しえんさき》の選考会議で、真っ先に候補《こうほ》にあがったというのです。そして、いい

カキを育てるために、海に注ぐ川の流域《りゅういき》の森林を守る運動を長年続けているわたしを選んでくれたのです。

その金額《きんがく》は、三十人の給料の一年分に匹敵《ひってき》する額《がく》でした。

ルイ・ヴィトン社って、どんな会社なのでしょう。日本でも東京はもとより、大きな都市の一等地に、ルイ・ヴィトンのお店はありますよね。すごい会社であることは想像《そうぞう》できます。

わたしはそのとき、支援《しえん》を受けることは大変ありがたいけれど、どのような気持ちで、どのような態度《たいど》で支援《しえん》してくださるかを見極《みきわ》めなければ、と思ったのです。

四月、息子《むすこ》の耕《こう》に付《つ》き添《そ》われ、東京で行われたルイ・ヴィトン本社のエグゼクティブも同席する会議に出向きました。フランスと日本のカキ養殖《ようしょく》の歴史《れきし》、そして森をつくることが海の復興《ふっこう》につながることを説明したのです。みなさん熱心に耳を傾《かたむ》けてくれました。その後、支援《しえん》が正式決定されたという連絡《れんらく》を受けとったのです。

「おじいちゃん、魚がいる」

津波《つなみ》で全部船を流されてしまい、海に出ることはできませんでした。四月になって、三重県漁業協同組合連合会からの支援《しえん》で、船外機のついた小さな船が届《とど》いたのです。みんな飛び上がって喜《よろこ》びました。

海に出てみました。でも、海を埋《う》め尽《つ》くしていた、カキ養殖《ようしょく》のいかだが一台もありません。海はからっぽでした。焼けただれた鉄板の船が、あっちにも、こっちにも無残な姿《すがた》をさらして座礁《ざしょう》しています。海はどんより濁《にご》っていて、大量の油が流れていました。生き物の気配がまったく感じられないのです。

海が死んだのではないか、と思いました。ある学者が、黒く濁《にご》った海を指して、「毒《どく》の水が流れている。」といったのです。毒《どく》の水では、カキも生きていけません。

わたしは全身から力が抜《ぬ》けてしまい、しばらく家にとじこもってしまいました。

食物連鎖《しょくもつれんさ》という言葉を知っていますか。食べものがなくなると、どんどん生き物が消えていくのです。あれほどいっぱいいたカモメが、めっきり少なくなっていました。

そんな中、希望は元気な孫たちです。四月末、海辺で遊んでいた、寛司《かんじ》と慎平が、息せき切って坂をあがってきました。

「おじいちゃん、魚がいる。」

と言うのです。

「なに！　ほんとうか。」

ころびそうになりながら海辺にかけおりてみると、たしかに数匹《すうひき》の小魚が、水面を泳いでいます。少し見えるということは、その何十倍もいると、経験的《けいけんてき》に知っています。

「『毒《どく》の水』なんかじゃないんだ。水が澄《す》んでくれば、もっと魚が見えてくるはずだ。」

でも、わたしがもっとも気がかりだったのは、カキのえさである植物プランクトンがどうなっているか、ということでした。

プランクトンを観察するには、プランクトンネットや顕微鏡《けんびきょう》が必要です。でも、みんな流されてしまっています。

二人のお魚博士が海を調査《ちょうさ》

五月のゴールデンウィークが過《す》ぎたころ、京都大学のお魚博士、田中克《たなかまさる》先生から連絡《れんらく》がありました。京都大学は、二〇〇三年にフィールド科学教育研究センターを発足《ほっそく》し、森から海まで全体を思考研究する学問「森里海連環学《もりさとうみれんかんがく》」を提唱《ていしょう》しています。田中先生はその初代センター長で、日本を代表する魚類学者です。

「大津波《おおつなみ》のあとの海がどうなっているか、調査《ちょうさ》に行きます。」

というのです。一日千秋《いちじつせんしゅう》の思いで待ちました。顕微鏡《けんびきょう》で観察されていた田中先生が、おっしゃいました。

「畠山《はたけやま》さん、大丈夫《だいじょうぶ》です。カキが食い切れないほど植物プランクトン『キートセロス』がいます。」

それはわたしにとって、神の言葉のように聞こえました。カキのえさは植物プランクトンです。顕微鏡《けんびきょう》で観察しなければ見えないようなものを、どうやって食べているのでしょうか。

一個《こ》のカキは、呼吸《こきゅう》のために一日二百リットルもの海水を吸《す》っています。人間だってすごくたくさんの空気を吸《す》っていますよね。その海水を、えらという器官に通します。えらのすき間にプランクトンをひっかけるのです。

カキの大好きなプランクトンは、「キートセロス」といって、すごいトゲがあり、トゲプランクトンとも呼《よ》ばれています。カキが呼吸《こきゅう》するたびに、食べものがひっかかってくれるのです。

田中先生は、こう言葉を続けました。

「今回の津波《つなみ》を冷静に判断《はんだん》すると、被害《ひがい》が大きいのは干潟《ひがた》を埋《う》めた埋《う》め立《た》て地《ち》です。川や背景《はいけい》の森林はほとんど被害《ひがい》はありません。海が攪拌《かくはん》されて養分が浮上《ふじょう》してきたところに、森の養分は川を通して安定的に供給《きょうきゅう》されています。海の生き物は戻《もど》ってきます。

畠山さん、『森は海の恋人《こいびと》』は真理です。反対に、背景《はいけい》の森林が壊《こわ》れていたら、海の復活《ふっかつ》は困難《こんなん》だったでしょう。」

わたしはこの言葉に勇気をもらいました。海のガレキが片《かた》づき、養殖《ようしょく》いかだを浮《う》かべれば、家業は続けられることを確信《かくしん》したのです。

京都大学で「魚の心理学」を研究している益田玲爾《ますだれいじ》先生も調査《ちょうさ》に参加してくれました。一年のうち百日は海にもぐっていて、魚の言葉がわかるという先生です。まだ、大津波《おおつなみ》から二か月しかたっていない海にもぐるというのです。気仙沼《けせんぬま》だけで千人を超《こ》す人が亡《な》くなり、二百人以上が行方不明《ゆくえふめい》のままでした。そのような海では、何が待ち受けているかわかりません。そう伝えたのですが、

「千年に一度のことですから。」

と、スルリともぐってしまったのです。上がってくるまで、心配でたまりませんでした。海から上がると、益田先生はこうおっしゃったのです。

「海の中は、食物連鎖《しょくもつれんさ》がつながりはじめています。キヌバリの幼魚《ようぎょ》がいます。沈《しず》んでいるフォークリフトから、アイナメが出てきました。海底は一面、ホタテ貝だらけでびっくりしました。」

「あー、うちのホタテだ。」

息子《むすこ》たちはうめき声をあげました。

「海は死んでいない。生きてる。」

「いがった、いがった（よかった、よかった）。」

と、息子《むすこ》たちと喜《よろこ》びをかみしめたのでした。

九月はじめ、再《ふたた》び益田先生がやってきて、海にもぐりました。

「キヌバリがどんどん増《ふ》えています。数えたら九百匹《ぴき》はいます。えさが多いから、みんなニコニコしていますよ。」

さすが魚の心理学者ですね。

いかだが浮《う》かぶのは「希望の風景」

お盆《ぼん》が過《す》ぎると海にいかだが浮《う》かびはじめました。塩水を被《かぶ》った農地は塩害でしばらく作物を栽培《さいばい》することはできませんが、カキは海（塩水）で育つ生物ですから、塩害はありません。海さえきれいになれば、養殖《ようしょく》は再開《さいかい》できるのです。

からっぽになった海に、つぎつぎいかだが浮《う》かび、元の風景が戻《もど》ってきたのです。陸側はまだあちこちにガレキの山が残っていて、復興《ふっこう》はいつのことだろうとため息が出るのですが、整然といかだが並《なら》びだすと、風景が一変してきました。

海辺で暮《く》らす人々にとって、それは希望の風景です。

でも、いかだを浮《う》かべても、カキの養殖《ようしょく》をするには、カキの種苗《しゅびょう》が必要です。はたして、種苗《しゅびょう》はどこに残っているのだろうか……と心配していると、宮城県石巻市《いしのまきし》の万石浦《まんごくうら》の種ガキ屋、末永《すえなが》さんから連絡《れんらく》がありました。末永さんとは、一九四七年（昭和二十二年）の水山養殖場《みずやまようしょくじょう》の創業《そうぎょう》以来、親子三代にわたるつきあいで、六十年以上もカキの種苗《しゅびょう》の供給《きょうきゅう》を受けています。末永さんは、

「昨年とったカキの種苗《しゅびょう》が、津波《つなみ》に流されないで湾《わん》の奥《おく》のほうに残っています。」

というのです。そして末永さんのところから、トラックに積まれて、ぞくぞくとカキの種苗《しゅびょう》が届《とど》きはじめ、浜《はま》は急に忙《いそが》しくなってきました。

そのころには、小学校の校庭に仮設住宅《かせつじゅうたく》が建ち、被災《ひさい》した方々はそこに移《うつ》り住《す》んでいました。でも、職場《しょくば》はまだまだ復活《ふっかつ》していません。手持ちぶさたの生活が続いていたので

す。

カキ養殖《ようしょく》の同業者も、あまりにも被害《ひがい》が大きく、再出発《さいしゅっぱつ》をあきらめようとする仲間も出はじめたのです。一人ひとりでは復興《ふっこう》は困難《こんなん》でした。そこで、わが家の長男、哲《てつ》が中心となり、しばらく協業のかたちで、この難局《なんきょく》を乗り切ろう、という相談がまとまったのです。

仕事がはじまると、人手が必要です。そこで仮設住宅《かせつじゅうたく》に住んでいる人たちに、

「仕事を手伝ってくれませんか。」

と声をかけてみたのです。すると、二十人も来てくれました。こうして、ロープに種苗《しゅびょう》をはさむ「種《たね》はさみ」が始まったのです。

アラン・デュカスさんたちの招《まね》きで、パリの慈善《じぜん》パーティに参加

そのころ、フランスから支援《しえん》の申し出が次々にありました。

漁業団体《ぎょぎょうだんたい》から大量の養殖資材《ようしょくしざい》が届《とど》き、カキの産地ノルマンディ地方の水産高校からは

「気仙沼向洋高校《けせんぬまこうようこうこう》（前身は気仙沼水産高校）へ渡《わた》してください。」と義援金《ぎえんきん》が送られてきました。

これらの支援《しえん》は、以前、フランスのカキにウイルス性《せい》の病気が発生して海から消えかかったとき、日本の宮城県産の種苗《しゅびょう》が救《すく》ってくれたことへの恩返《おんがえ》しだというのです。ルイ・ヴィトン社と同じ理由だったのでした。

当時、生産者はもとより、飲食業、サービス業に携《たずさ》わる人々の苦悩《くのう》は計り知れず、宮城種でカキが復活《ふっかつ》した喜《よろこ》びは、語《かた》り継《つ》がれるほど価値《かち》がある出来事だったのです。彼《かれ》らも昔の絆《きずな》を忘《わす》れないでいてくれたことに、心を動かされました。

フランス料理のシェフ中村勝宏《なかむらかつひろ》さんからも連絡《れんらく》がありました。わが家は、ヨーロッパヒラガキ（フランスガキ）の養殖《ようしょく》もしていたので、日本のフランス料理人がよく訪《おとず》れていました。中村さんはその一人で、世界の首脳《しゅのう》が集《つど》った北海道洞爺湖《とうやこ》サミットの総料理長《そうりょうりちょう》を経《けい》験《けん》したこともある、日本を代表するシェフです。

東日本大震災が発生し、宮城種の産地が壊滅的《かいめつてき》な被害《ひがい》を受けたとの報《ほう》が伝えられると、フランスではいち早く料理人組合がカキ種苗《しゅびょう》の支援《しえん》を決定し、そのための慈善《じぜん》パーティを企画中《きかくちゅう》だというのです。組合長は世界にレストランを展開《てんかい》するアラン・デュカスさんです。中村さんはこういいました。

「種苗《しゅびょう》産地の事情《じじょう》に詳《くわ》しくないので、協力してください。生産者代表として、七月にパリで行われる慈善《じぜん》パーティに出席してくれませんか。」

七月、中村さんとともにパリに渡《わた》りました。慈善《じぜん》パーティの会場は、外務省《がいむしょう》近くの迎賓館《げいひんかん》で、政府関係者《せいふかんけいしゃ》やパリの名士《めいし》でいっぱいです。フランス在住《ざいじゅう》の日本人料理人、そして日本からも応援《おうえん》の料理人が、デュカスさんのもとに駆《か》け付《つ》け、調理を手伝っていました。

慈善《じぜん》パーティが始まると、デュカスさんは、昔の恩義《おんぎ》に報《むく》いるためにこのような会を開催《かいさい》した、と挨拶《あいさつ》されました。パーティでは、料理に日本の食材が多く使われていて、心遣《こころづか》いが感じられました。

最後に、日本の生産者を代表して、わたしがスピーチしました。

「昔の出来事を忘《わす》れずに、このような形で支援《しえん》に結びつけてくださったことに心から感謝《かんしゃ》します。カキを通した交流が、これからも続いていくことを願っています。」

会場から、大きな拍手《はくしゅ》をいただきました。

ルイ・ヴィトンのアトリエを訪問《ほうもん》

パリでは、ルイ・ヴィトン社からも招待《しょうたい》を受けていました。わたしは、初代ルイ・ヴィトンがパリ郊外《こうがい》のアニエール・シュル・セーヌに一八五九年に構《かま》えた、最初のアトリエに向かいました。隣《となり》にはヴィトン一族の屋敷《やしき》があり、その一部は博物館として招待客《しょうたいきゃく》のみに公開されています。

アニエールに着くと、どっしりした体格《たいかく》のにこやかな紳士《しんし》が出迎《でむか》えてくれました。創業《そうぎょう》家《け》五代目当主、パトリック・ルイ・ヴィトンさんです。開口一番、

「わたしはカキに目がありません。別荘《べっそう》のあるブルターニュはカキの産地で養殖組合長《ようしょくくみあいちょう》は親友です。日本のカキ種苗《しゅびょう》がフランスのカキを救《すく》ってくれたことも知っています。このたびは津波被害《つなみひがい》大変でしたね。お母さまを亡《な》くされたそうで、お悔《く》やみ申し上げます。」

といわれました。支援《しえん》についてお礼を述《の》べると、こう語られたのです。

職人技《しょくにんわざ》への誇《ほこ》り「石頭」のヴィトン

「わたしは手業《てわざ》で仕事ができるということが、仕事の中でいちばん美しいと思っています。ルイ・ヴィトンには職人技《しょくにんわざ》に対する矜持《きょうじ》（誇《ほこ》り）を大切に扱《あつか》うメンタリティーがありますから、職人技《しょくにんわざ》である三陸のカキ養殖《ようしょく》文化を支援《しえん》することは、とても自然な流れだと思います。ぜひ養殖場《ようしょくじょう》を復活《ふっかつ》させてください。」

支援《しえん》を受ける側に対して、上から目線でなく、一歩下がって友人のように接《せっ》してくれる対応《たいおう》に学ばされるものがありました。

「ヴィトン」という名は、ドイツ語起源《きげん》の「固い頭（石頭）」という意味だそうです。それは、妥協《だきょう》を許《ゆる》さない、職人気質《しょくにんかたぎ》を意味します。ヴィトン製品《せいひん》は、デザインはもとより、品質《ひんしつ》は誰《だれ》もがみとめていますよね。

パトリックさんはスペシャルオーダーという特注のトランクやバッグを製作《せいさく》する部門の

責任者《せきにんしゃ》だそうです。木箱職人《しょくにん》としての一族のルーツに従《したが》って、このアトリエで一介《いっかい》の職人《しょくにん》として修業《しゅぎょう》を始めたのは、おばあさまのすすめだったそうです。一九七三年、二十二歳《さい》でした。やがて、工房《こうぼう》のすべての役職《やくしょく》を経験《けいけん》し、ルイ・ヴィトン社の階段《かいだん》を上がっていったのです。

最初に担当《たんとう》したのは、日本の指揮者《しきしゃ》のため設計《せっけい》、製作《せいさく》したハイファイ・オーディオを入れる大きなトランクでした。

「だからわたしは日本が好きなんですよ。」

と、丸い瞳《ひとみ》を細くして笑いました。

働く人にこそ、ルイ・ヴィトンは似合《にあ》う

二〇一二年六月二十日、パトリックさんと会社の重役の人たち一行が、気仙沼にやってきました。

巨大《きょだい》な漁船が街の中に打ち上げられ、どこまでも続くがれきの山を目《ま》のあたりにした一行は、津波《つなみ》の巨大《きょだい》さを改めて認識《にんしき》したのです。

峠《とうげ》を越《こ》えて、わたしの養殖場《ようしょくじょう》のある舞根湾に近づくと、家が一軒《けん》もなく、裸同然《はだかどうぜん》の姿《すがた》に、復興《ふっこう》の兆《きざ》しを探《さが》すのは困難《こんなん》な様子でした。

陸側の風景はどこを見ても絶望《ぜつぼう》しかありません。でも、一転して海に目をやると、カキの養殖《ようしょく》いかだが整然と並《なら》んでいます。

「海は復活《ふっかつ》しているのですね。」

パトリックさんはパイプをくゆらせながら、肩《かた》を抱《だ》いてくれました。

一行を養殖場《ようしょくじょう》に迎《むか》えるにあたってわたしに一つのアイデアが浮《う》かんでいました。働いている女性《じょせい》たちに、スカーフを頭に巻《ま》いて出迎《でむか》えてもらうことです。

その姿《すがた》を見て、パトリックさん一行は、相好をくずして喜《よろこ》びました。スカーフはLとVのマーク入りのルイ・ヴィトン製《せい》だったからです。女性《じょせい》たちは二十代から七十代の混成《こんせい》チームです。

スカーフは、東京駅の店に寄《よ》り、店員さんと相談し三十人分、年代別に選んでもらいました。一生懸命《いっしょうけんめい》働いてもらったことへの感謝《かんしゃ》の印です。

ニコニコされているパトリックさん一行に、次のように語りました。

「働く人にこそ、ルイ・ヴィトンは似合《にあ》う。」と。

さっそく船に乗ってもらい、養殖《ようしょく》いかだに案内しました。何通りものロープの結び方、スギの長木を組み合わせてのいかだの作り方、一つ一つ形の違《ちが》う殻《から》から身を取り出すむき方など、どの工程《こうてい》にも人間の手が入っています。

工房《こうぼう》と養殖《ようしょく》の共通点

製品《せいひん》づくりとカキ養殖《ようしょく》の現場《げんば》はたしかに共通するものがあります。そして、

「わたしたちは職人気質《しょくにんかたぎ》の『石頭（ヴィトン）』兄弟ですね。」

と語り合いました。

少し沖に出ると、漁師《りょうし》が植林している山が見えます。一九八九年（平成元年）から「森《もり》は海《うみ》の恋人植樹祭《こいびとしょくじゅさい》」と名付けて、毎年植林を続けてきたのです。ルイ・ヴィトン社はその

活動を早くから知っていました。そして、東日本大震災の支援先《しえんさき》に決めてくれたのです。わたしは、

「あそこに降《ふ》った雨が森の養分を含《ふく》ませ、ここまで流れてきてカキのえさとなる植物プランクトンを育てています。」

と説明しました。するとパトリックさんは、

「森から海までを一つの風景として捉《とら》える、これはデザインですね。ここにも共通性《きょうつうせい》がありますね。」

と語ったのです。

パトリックさんが「森は海の恋人植樹祭」に参加

二〇一四年六月、第二十六回の「森は海の恋人植樹祭」が行われました。第一章の冒頭《ぼうとう》でお話ししたように、気仙沼湾《けせんぬまわん》に注ぐ大川《おおかわ》上流の岩手県一関市室根町《いちのせきしむろねちょう》の山に漁師《りょうし》たちが落葉広葉樹《こうようじゅ》の苗《なえ》を植えるのです。

この日は、フランスからパトリックさんも参加してくださったのです。二〇一一年の東日本大震災のときにたくさんの援助《えんじょ》をしてくださってから、三年の月日がたっていました。

パトリックさんとわたしは、二人で苗《なえ》を植えながら、カキがとりもつ不思議な縁《えん》を実感し、確《たし》かめ合《あ》うことができました。パトリックさんは、わたしのことを、

「相変わらずなんとも気持ちのいい人です。」

と持ち上げてくれます。人と接《せっ》して気持ちがいいというのは、感覚的なものなのです。

「じつはわたしもそう思っているんです。」

と、わたしは答えました。

海にも案内しました。凪《な》いだ海の水面は鏡のようで、海辺まで迫《せま》る森を映《うつ》し出《だ》していました。津波《つなみ》で破壊《はかい》され、やっと再建《さいけん》した木造和船《もくぞうわせん》「あずさ丸」を漕《こ》いでもらい、震災前《しんさいまえ》の風景を取《と》り戻《もど》した天国のような海と、カキやホヤの味を楽しんでもらったのです。

パトリックさんは、舞根湾の風景が気に入ったようで、写真を多く撮《と》っていかれました。絵を描《か》きたいというのです。「天国のような海」の風景は、彼《かれ》の心象風景《しんしょうふうけい》の一つとして刻《きざ》まれたようでした。

植樹祭《しょくじゅさい》で、パトリックさん（左）といっしょに苗《なえ》を植える。

コラム 6

海の食物連鎖《しょくもつれんさ》ってどういうこと？

宮城県の北側に突き出《つ》《で》ている牡鹿半島《おしかはんとう》から青森県八戸市《はちのへし》にかけての海は、三陸沖《さんりくおき》と呼《よ》ばれています。三陸沖では、南から流れてくる暖流《だんりゅう》（黒潮《くろしお》）と北から流れてくる寒流（親潮《おやしお》）がぶつかり、世界三大漁場の一つに数えられています。

わたしが住んでいる気仙沼湾《けせんぬまわん》（さらに奥《おく》のほうに舞根湾《もうねわん》があります）は、牡鹿半島から北上したところにあります。

二〇一一年の東日本大震災《ひがしにほんだいしんさい》のとき、気仙沼地方では海辺の土地が約八十センチメートルも沈下《ちんか》（低くなること）したのです。舞根湾の奥《おく》には、昔、水田だった土地がヨシ原《はら》となって広がっていました。その土地も低くなり、ゴーゴーと音を立てて潮《しお》が入ってきました。真水と海水の入りまじった大きな汽水湖になったのです。

その汽水湖に、むかし茨城県の霞ケ浦《かすみがうら》で名物の佃煮《つくだに》として売られていた「イサザアミ」が大発生したのです。汽水湖の食物連鎖《しょくもつれんさ》を支《ささ》える生物です。シロナガスクジラのえさは

「オキアミ」ですが、アミがいっぱいいるのは生物の豊《ゆた》かさの証明《しょうめい》なのです。

食物連鎖《しょくもつれんさ》って、いったいなんでしょう。

まず植物プランクトンが生まれ、それを食べて動物プランクトンが育ち、動物プランクトンを食べてアミやシラス、サクラエビ、イワシ、サバ、カツオというように、だんだん大きな魚が育っていくのです。

食物連鎖《しょくもつれんさ》の出発は、植物プランクトンです。植物ですから陸の木や、作物と同じように窒素《ちっそ》やリンなどの養分が必要です。ところが、暖流の黒潮は、貧栄養《ひんえいよう》海流といわれ、養分が少ないのです。寒流には窒素やリンが多いので、昔の人は魚を育てる「親潮」と名付けたのです。

生き物は死ぬと海底に沈《しず》んで分解《ぶんかい》され、植物の栄養となる窒素やリンに戻《もど》ります。黒潮と親潮がぶつかると、も

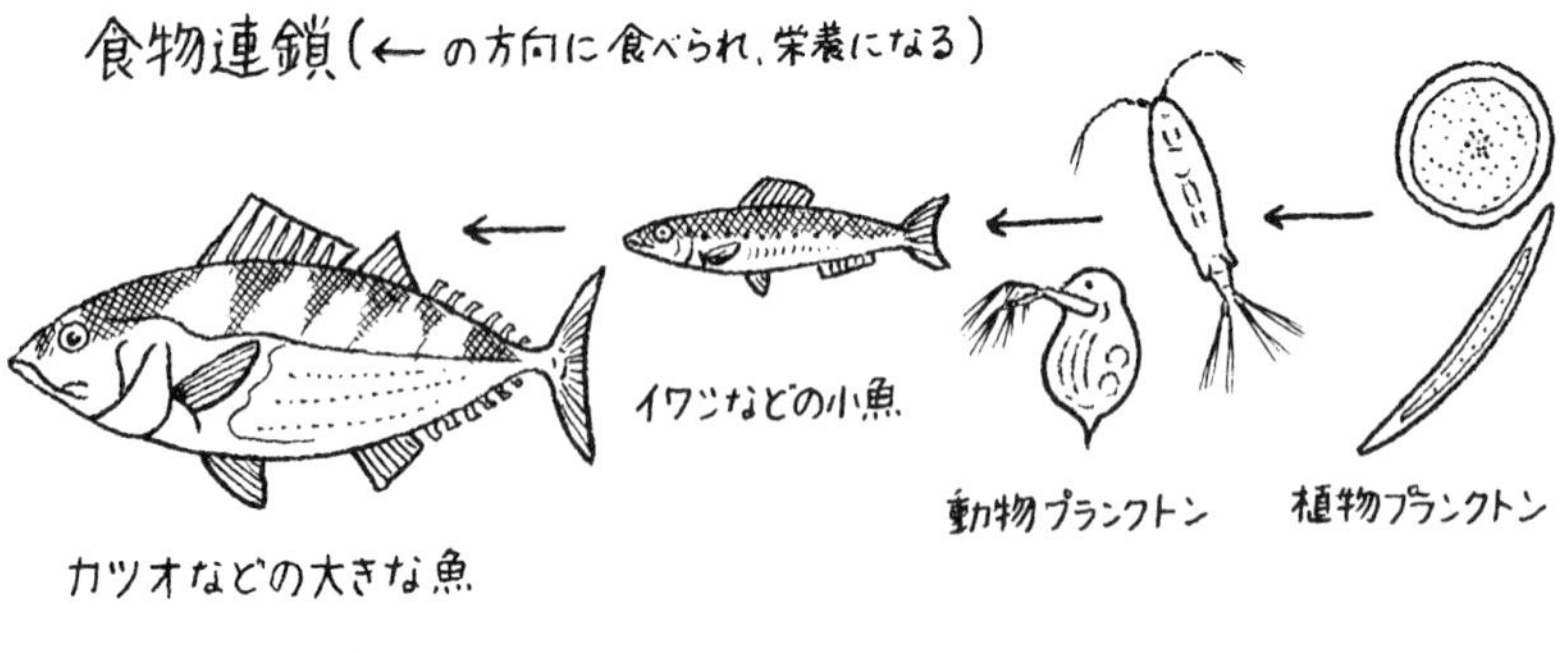
食物連鎖（← の方向に食べられ、栄養になる）
イワシなどの小魚
動物プランクトン
植物プランクトン
カツオなどの大きな魚

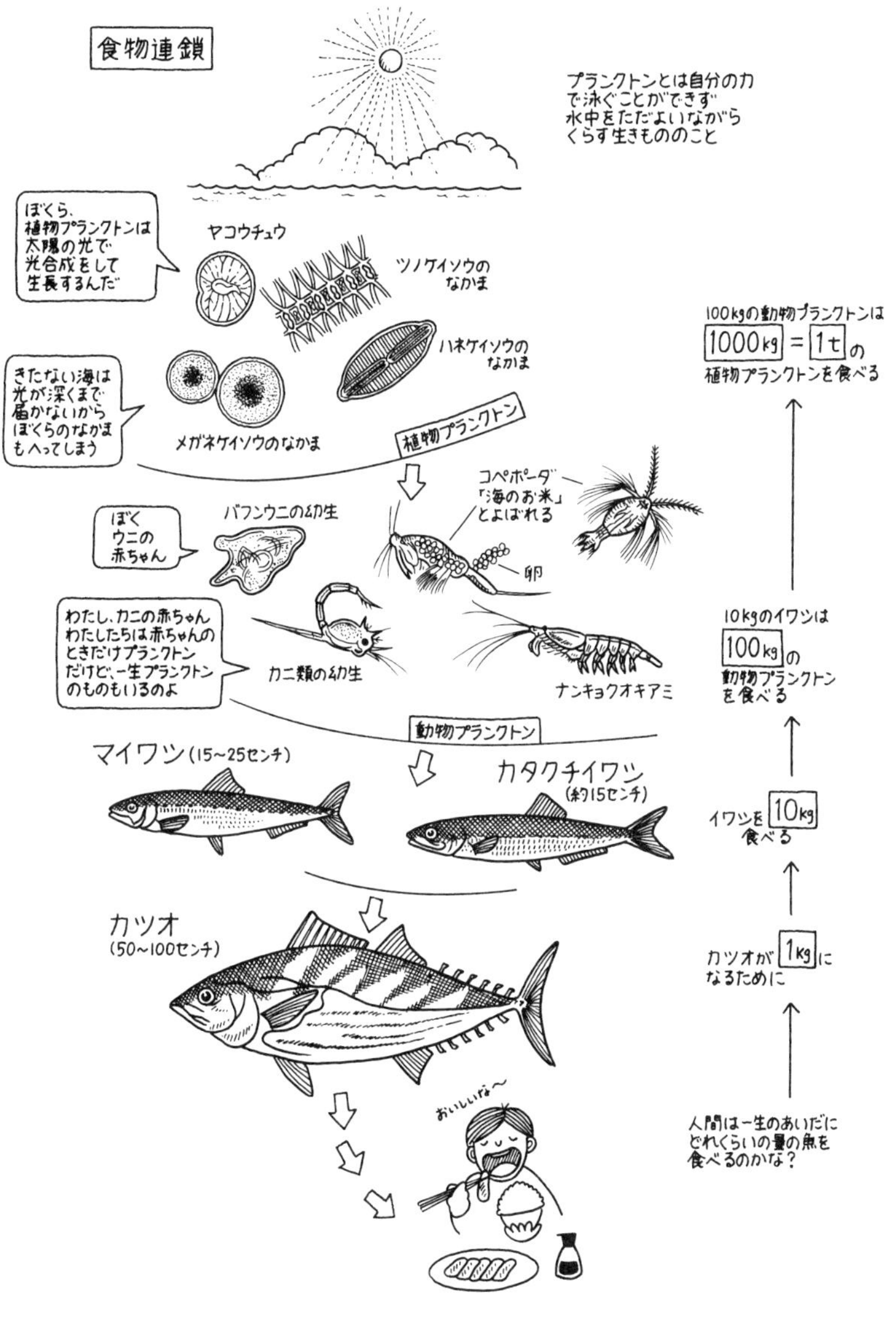
食物連鎖
プランクトンとは自分の力で泳ぐことができず水中をただよいながらくらす生きもののこと
ぼくら、植物プランクトンは太陽の光で光合成をして生長するんだ
ヤコウチュウ
ツノケイソウのなかま
ハネケイソウのなかま
きたない海は光が深くまで届かないからぼくらのなかまもへってしまう
メガネケイソウのなかま
植物プランクトン
100kgの動物プランクトンは
1000kg = 1t の
植物プランクトンを食べる
ぼくウニの赤ちゃん
バフンウニの幼生
コペポーダ
「海のお米」とよばれる
卵
わたし、カニの赤ちゃん
わたしたちは赤ちゃんのときだけプランクトンだけど、一生プランクトンのものもいるのよ
カニ類の幼生
ナンキョクオキアミ
10kgのイワシは
100kg の
動物プランクトンを食べる
動物プランクトン
マイワシ(15~25センチ)
カタクチイワシ(約15センチ)
イワシを 10kg 食べる
カツオ(50~100センチ)
カツオが 1kg になるために
おいしいな~
人間は一生のあいだにどれくらいの量の魚を食べるのかな?

のすごい渦《うず》ができ、深い海の海水（深層水《しんそうすい》）を表層《ひょうそう》に巻《ま》き上《あ》げます。そしてまた、植物プランクトンからはじまる食物連鎖《しょくもつれんさ》がスタートするのです。

第7章

親《おや》潮《しお》に乗って北《きた》三《さん》陸《りく》沖《おき》にやってくる、鉄を含《ふく》んだロシアの流氷

ロシア／二〇一四年

アムール川《がわ》の大森林の生命力

氷の研究者

三陸沖《さんりくおき》は陸からずいぶん遠いです。宮城県の海に注ぐいちばん大きい川は、北上川《きたかみがわ》です。岩手県の盛岡市《もりおかし》の北が源流《げんりゅう》で、宮城県の石巻湾《いしのまきわん》などに注いでいます。全長約二百五十キロメートル、大きな川ですよ。でも三陸沖といいますと、気仙沼《けせんぬま》から約六五〇キロメートル先の太平洋までを指します。とてつもなく広い太平洋です。北上川の鉄分が届《とど》くとは思えません。鉄はどこからくるのでしょうか。

二〇〇九年ごろ、北海道大学低温科学研究所《ほっかいどうだいがくていおんかがくけんきゅうじょ》の白岩孝行《しらいわたかゆき》先生と出会いました。専門《せんもん》は総合地球環境学《そうごうちきゅうかんきょうがく》と自然地理学。とくに氷雪学、氷の先生です。ロシアのカムチャッカ半島の氷河《ひょうが》をボーリング（深く掘《ほ》り進《すす》めること）し、氷の中に含《ふく》まれる物質《ぶっしつ》を調べると、そのあたりに何千年前にどんな物質《ぶっしつ》が空気中に漂《ただよ》っていたかがわかるのだそうです。

たとえば、植物の花粉《かふん》、窒素《ちっそ》、黄砂《こうさ》、火山灰《かざんばい》、放射性物質《ほうしゃせいぶっしつ》などです。なんと、アジア大陸のゴビ砂漠《さばく》から飛んでくる黄砂《こうさ》の中に鉄分がかなり含《ふく》まれていることを発見したのです。

アメリカのアラスカ大学で研究している間、共同研究者のカール・ベンソンさんから、空気中に含《ふく》まれるダスト（粒子《りゅうし》）の量と、サケや青魚（イワシ、サンマ、サバなど）の漁獲量《ぎょかくりょう》が関係あるようだと知らされたのです。

それまで、氷の研究者が魚のことを考えたことは、一度もなかったそうです。

黄砂《こうさ》が飛ぶとノリがよく育つ

わたしは若《わか》いとき、石川県の能登半島《のとはんとう》を旅していました。春先の三月ごろだったと思います。二〇二四年一月の令和六年能登半島地震《のとはんとうじしん》で大きな被害を受けましたが、そのころ半島の北端《ほくたん》の輪島《わじま》は、朝市で有名でした。いろいろな海産物が売られていましたが、春先の目玉商品は「岩ノリ」です。

黒く光っていて、香りもいいのです。わたしの家でも、ノリの養殖《ようしょく》をしていましたから、ノリのよしあしがわかるのです。

「今年は黄砂《こうさ》の飛びがいいから、いいノリが成長してますよ。いかがですか。」

と、売り子の女性《じょせい》が声をかけます。

「えっ、黄砂《こうさ》が飛ぶとなんでノリが育つのですか。」

と質問《しつもん》してみました。黄砂《こうさ》はぜんそくになるとか、洗濯物《せんたくもの》が汚《よご》れるとか、体に悪いもののイメージが強いですよね。

「どうしてだかわからないけど、黄砂《こうさ》が来ると、生長がよくなり、なによりノリの色がよくなるんですよ。」

というのでした。


その意味がわかったのは、それから三十年もたってからでした。黄砂《こうさ》の中に植物に必要な鉄分が含《ふく》まれていることを知ったのです。

白岩先生もカムチャッカ半島の氷河《ひょうが》の中に含《ふく》まれる黄砂《こうさ》の量と、北の海の青魚（イワシ、サンマ、サバなど）の漁獲量《ぎょかくりょう》の関係に気づき、研究をはじめました。そして、年代別の黄砂《こうさ》の量と青魚の漁獲量《ぎょかくりょう》のグラフを重ねると、ほとんど同じ曲線を描《えが》くことを発見するのです。黄砂《こうさ》に含《ふく》まれる鉄分が、海の生産量に大きく関わっている。思ってもみなかったことでした。

白岩先生は、早稲田大学《わせだだいがく》教育学部卒業です。子どものころは世界地図を広げ、ニコニコしている少年でした。その後、北海道大学大学院環境科学研究科《かんきょうかがくけんきゅうか》で学び、雪や氷が好きになったそうです。一九九三年から二年間、第三十五次南極地域観測隊《なんきょくちいきかんそくたい》にも参加しました。

「地理学者の出番が来た。」

白岩先生は、そう思ったそうです。世界地図をニコニコ見ていた少年は、地球を見下ろす目をもった地理学者になっていたのですから。

海の生物と鉄分の研究をしている第一人者が同じ大学にいたことも、幸いでした。海洋化学の松永勝彦《まつながかつひこ》先生です。松永先生を訪《たず》ね、鉄分と生物について、そして、気仙沼湾と湾《わん》に注ぐ大川《おおかわ》の関係を学んだのでした。地理学者の目は、ロシアと中国の国境《こっきょう》を流れるアムール川《がわ》に向かっていきます。

黄砂《こうさ》の鉄分で青魚の漁獲量《ぎょかくりょう》が増《ふ》える

白岩先生は、黄砂《こうさ》の中に含《ふく》まれる鉄分が、青魚の漁獲量《ぎょかくりょう》に大切であることを理解《りかい》します。でも、黄砂《こうさ》が飛ぶのは主に春先です。夏、秋、冬の鉄分はどこから来るのでしょう。海の生物と鉄分研究の第一人者、松永先生は、気仙沼湾の生物生産と、湾《わん》に注ぐ大川が運ぶ鉄分の関係を調べあげていました。

気仙沼湾で生産されるカキ、ホタテ貝、ホヤ、ワカメ、コンブ、アワビ、ウニなどの水あげ金額《きんがく》は、年間約四十億円です。松永先生は、数字におきかえて計算してみました。すると、四十億円の八十パーセント、三十二億円分は、大川が運ぶ鉄分を中心とする養分のおかげであることがわかり、発表していたのです。川ってすごいでしょう。

白岩先生は、森林の腐葉土《ふようど》で生まれるフルボ酸《さん》と結びついた鉄についても学びました。わたしたちが行っている「森《もり》は海《うみ》の恋人運動《こいびとうんどう》」にも心を動かされました。

青魚から黄砂《こうさ》の故郷《こきょう》、広大なゴビ砂漠《さばく》を考え、気仙沼湾に流れる、たった三十キロメートルの大川から、ロシアと中国の国境《こっきょう》を流れる全長約四千四百キロメートルのアムール川を想像《そうぞう》しました。氷河《ひょうが》の研究で登っていたカムチャツカ半島のウシュコフスキー山頂《さんちょう》からオホーツク海《かい》をながめると、かすかに千島列島《ちしまれっとう》が見えます。その先は三陸沖、世界三大漁場ではありませんか。

白岩先生の専門《せんもん》は、自然地理学。海側から陸側までの大自然を上から見渡《みわた》せるのは地理学者です。国境《こっきょう》をまたいでの学者のネットワークも地理学者ならではのものです。

こうして、ロシア、中国、日本の学者をたばねた「アムール・オホーツクプロジェクト」が動き出したのです。このプロジェクトのキーワードは、アムール川から流れてくるフルボ酸鉄《さんてつ》の測定《そくてい》です。海水一リットル中に含《ふく》まれる鉄分量は、わずか十億分の一グラムレベルと微量《びりょう》。高度な分析技術《ぶんせきぎじゅつ》が求められます。

分析をするのは誰《だれ》がいいかと松永先生に相談すると、「西岡純君《にしおかじゅん》がいいのでは。」と推薦《すいせん》があり、北海道大学低温科学研究所の准教授《じゅんきょうじゅ》に迎《むか》え入《い》れ、チーフ（責任者《せきにんしゃ》）にしたのです。西岡先生は、以前に松永先生が行った気仙沼湾の調査《ちょうさ》のとき、まだ大学院生でした。

面接《めんせつ》のとき、わたしと海水をとるサンプリングの経験《けいけん》があることを、白岩先生に打ち明けたそうです。

「アムール・オホーツクプロジェクト」

わたしは白岩先生の「アムール・オホーツクプロジェクト」を知って、さっそく地図を広げていました。じつはわたしは、ホタテじいさんでもあります。北の海の貝であるホタテ貝の養殖《ようしょく》に、ずいぶん南である宮城県の海で初めて成功したのです。もう六十年も前、十九歳《さい》のときでした。そのため北海道を旅し、冬のオホーツク海で流氷を見ていました。北海道の漁師《りょうし》さんから、「流氷によって運ばれる養分が、ホタテを育てている」という話は聞いていました。

そしてロシア、中国、日本の学者をたばねたアムール・オホーツクプロジェクトの五年にわたる研究で、すごいことがわかったことを知りました。

ロシアと中国の国境《こっきょう》を流れるアムール川からオホーツク海に流《なが》れこむ水の量は、平均《へいきん》で毎秒一万トン以上。これは東京ドームを二分間でいっぱいにする量だそうです。アムール川の水に含《ふく》まれる鉄分の濃度《のうど》は世界の河川《かせん》の平均的《へいきんてき》な濃度《のうど》より二けた多いことがわかりました（二けたとは百倍を意味します）。

アムール川から流れ出す鉄分の十パーセントはフルボ酸鉄の形となり、オホーツク海の表層《ひょうそう》を運ばれ植物プランクトンを育み食物連鎖《しょくもつれんさ》が続きます。大川が流れこむ気仙沼湾で調査《ちょうさ》された松永先生の研究は、こんな大きなスケールでもちゃんと裏付《うらづ》けられたのです。

九十パーセントの鉄はアムール川河口域《かこういき》で海水が凍《こお》るとき、塩分濃度《えんぶんのうど》が高く重くなった海水にとりこまれ、二百メートルから五百メートル沈《しず》むといわれています。そして、「東《ひがし》サハリン海流《かいりゅう》」に運ばれ、千島列島に近づきます。地球は自転しているので、すごい勢《いきお》いの海流になるのです。千島列島のウルップ島《とう》とシムシル島《とう》の間にあるブッソル海峡《かいきょう》からすごい勢《いきお》いで飛び出します。こうして、鉄は、三陸沖まで届《とど》くのです。鉄の分析《ぶんせき》のチームは、わたしと気仙沼湾で調査《ちょうさ》に参加した西岡先生です。

ロシアの大森林、アムール川、オホーツク海、ブッソル海峡《かいきょう》、北太平洋《きたたいへいよう》、三陸沖、親潮《おやしお》とのつながりが見えてきました。今まで、水産学者は、海しか見ていませんでした。林学

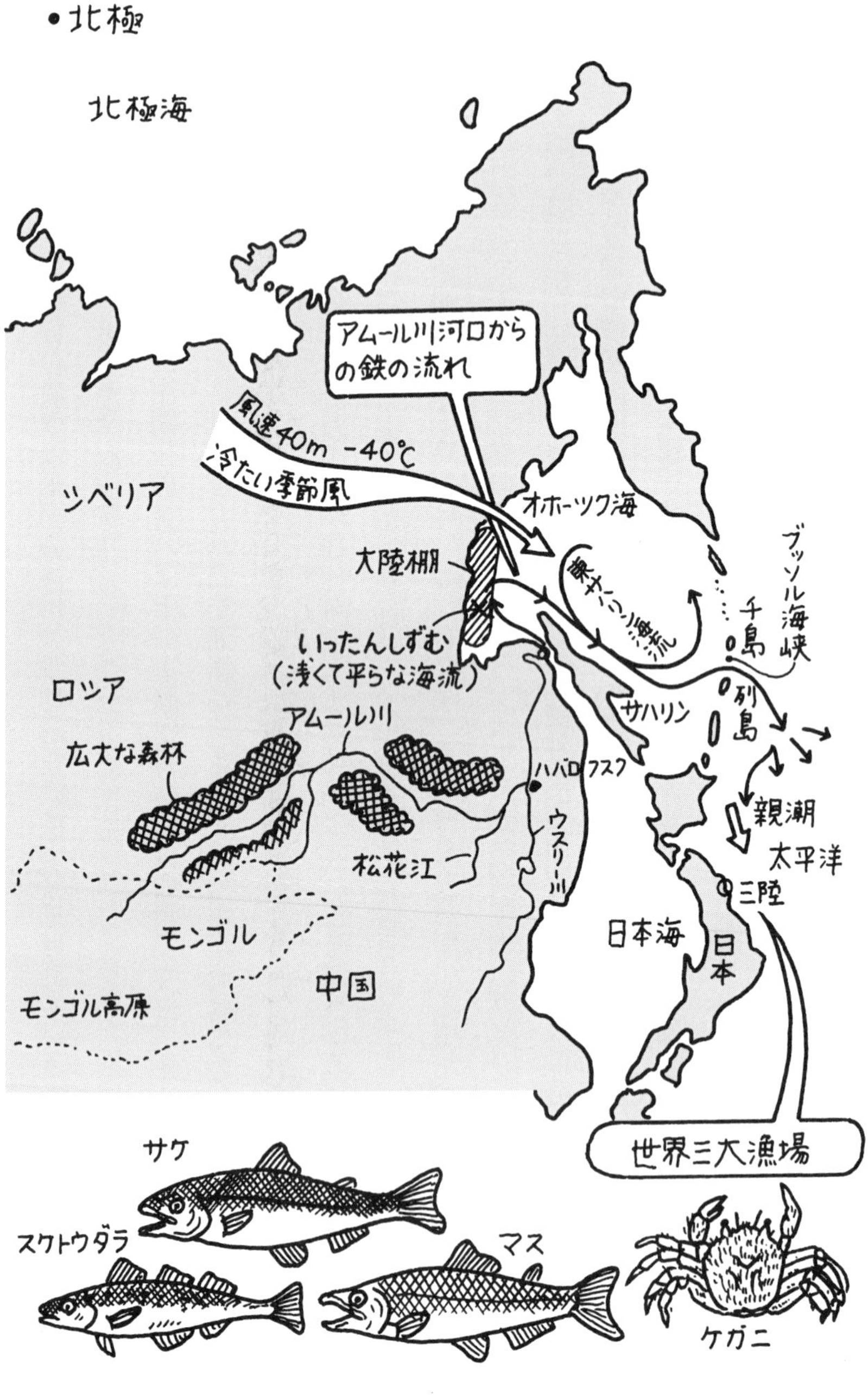
北極
北極海
アムール川河口からの鉄の流れ
風速40m −40℃
冷たい季節風
シベリア
オホーツク海
大陸棚
東サハリン海流
ブッソル海峡
千島
列島
いったんしずむ
（浅くて平らな海流）
ロシア
サハリン
アムール川
広大な森林
ハバロフスク
ウスリー川
松花江
親潮
太平洋
三陸
日本海
日本
モンゴル
中国
モンゴル高原
世界三大漁場
サケ
スケトウダラ
マス
ケガニ

者は森林を、地質学者《ちしつがくしゃ》は土や岩石を、気象学者《きしょうがくしゃ》は風や雨や空気の流れを、といった具合でした。

白岩先生は地理学者です。地理学者は、このような学問をたばねる立場にあったのです。さらに、海の植物プランクトンの繁殖《はんしょく》にもっとも大切な成分である、鉄分の知識《ちしき》をプラスすると、人類の未来に関わるような大切なことが見えてくるのです。近ごろ学問の世界では地理学は重要視《じゅうようし》されない傾向《けいこう》にありました。でも白岩先生の「たばねた研究」で脚光《きゃっこう》を浴びることになったのです。

地球の七十パーセントは海ですよね。じつは海の植物プランクトンの光合成の力は、全陸地の植物の力と、ほぼ同じであることがわかってきたのです。地球温暖化解決《ちきゅうおんだんかかいけつ》の鍵《かぎ》は、海の植物プランクトンなのです。

アムール川流域《りゅういき》の森林を見たいと思っていました。思っていると、ある日突然実現《とつぜんじつげん》するものです。わたしの経験則《けいけんそく》です。

武蔵野市《むさしのし》からの手紙

二〇一四年（平成二十六年）、東京の武蔵野市役所《むさしのしやくしょ》から手紙が来ました。武蔵野市はロシアのハバロフスク市と長い交流があったのです。日本とロシアを行き来する渡り鳥《わたどり》の共同研究をきっかけに、一九九一年より武蔵野市とハバロフスク市の交流がはじまりました。（二〇〇九年にNPO法人「むさしの・多摩《たま》・ハバロフスク協会」となりました。）太平洋戦争《たいへいようせんそう》で捕虜《ほりょ》になった日本兵の収容所《しゅうようじょ》があった地で、多くの人が亡くなり、お墓《はか》があるところでもあります。武蔵野市からも墓参団《ぼさんだん》が訪《おとず》れていたのですが、あるとき、こんな話を聞いたそうです。

アムール川流域《りゅういき》の森にはアムール虎《とら》が生息しているのですが、激減《げきげん》しています。虎《とら》はイノシシを食べています。イノシシのえさはチョウセンゴヨウという松の木の実で、もっとも実がなるのは樹齢《じゅれい》百五十年から百七十年の木です。

ハバロフスク地方を代表するこの木は建築材《けんちくざい》としてすぐれていて、どんどん伐採《ばっさい》されています。輸出先《ゆしゅつさき》は日本だというのです。植林をしたいのですが、ロシアは広大で、植林するという考えがうすく、苗木《なえぎ》のつくり方から考えねばなりません。

そこで武蔵野市は苗木《なえぎ》づくりを補助《ほじょ》してきました。やっと苗木《なえぎ》ができ、植林祭をすることになりました。なんと、わたしに参加してほしいとのことです。また、ロシア極東最大級の太平洋国立大学《たいへいようこくりつだいがく》で講演《こうえん》をしてほしいとのことでした。

ハバロフスクの植樹祭《しょくじゅさい》へ

わたしはずいぶん前から、『毎日小学生新聞』を発行する毎日新聞社から取材を受けていました。

毎日新聞は国の行事である「全国植樹祭《ぜんこくしょくじゅさい》」に大きく関わっていました。第一回全国植樹祭は、山梨県甲府市《こうふし》で行われました。その場所をずっときれいに管理する仕事にも関わっていたのです。わたしたち漁民による広葉樹《こうようじゅ》の森づくり、「森《もり》は海《うみ》の恋人植樹祭《こいびとしょくじゅさい》」にも東京から取材に来てくれました。

その中の一人、山本悟《やまもとさとる》記者から電話がありました。

「ハバロフスクの植樹祭《しょくじゅさい》に行くのだそうですね。わたしも行くことになりました。」

というのです。

わたしはロシア極東のハバロフスク市にある太平洋国立大学に招《まね》かれたのですが、一人で行くのは心細かったので、「よかった。」と思いました。当時（二〇一五年）、ハバロフスク行きの飛行機は成田空港《なりたくうこう》から週二便飛んでいました。小さな機体のプロペラ機でした。フライト時間は二時間半、沖縄より近いのです。プロペラ機なので高度が低く、日本海にも面する沿海地方《えんかいちほう》の広大な森林がよく見えます。

海辺は春の訪《おとず》れが早いようで、シラカバの新緑が目にまぶしいです。

アムール川が見えてきました。オホーツク海の河口《かこう》から八百キロメートルも上流というのに、川幅《かわはば》がものすごく広いのです。川の向こうは中国です。冬は寒さが厳《きび》しく、川は厚さ三メートルもの氷が張《は》り、四月末からやっととけるそうです。

「考え方を大陸に合わせないと理解《りかい》できないね。」

と、山本さんと顔を見合わせてしまいました。とにかく広いのです。五月七日、太平洋国

オホーツク海に流れるアムール川の上流800キロメートル付近。

立大学でわたしの講演会《こうえんかい》が開かれました。

通訳《つうやく》は、オルロフ・ウラジーミルさん。オルロフはワシ、ウラジーはもたらす、ミルは平和の意味だそうです。講演《こうえん》の原稿《げんこう》はあらかじめ送ってありました。二〇一二年、わたしは森林を守ることに貢献《こうけん》した人「フォレスト・ヒーローズ」として、国連から表彰《ひょうしょう》されていましたので、パンフレットにそのことが大きく紹介《しょうかい》されていたのです。

会場は自然利用《しぜんりよう》・環境学部《かんきょうがくぶ》の学生を中心に満席でした。今までで最も多いと学部長も喜《よろこ》んでいます。

翌日《よくじつ》の植樹祭《しょくじゅさい》はアムール虎《とら》の保護《ほご》のためです。虎《とら》の話をするのかと思われたかもしれませんが、わたしが、アムール川の河川水《かせんすい》は、はるか八百キロメートル先のオホーツク海、そして三千キロメートル先の北太平洋の海の生物をも育んでいることを説明すると、

「ハラショー（すばらしい）。」

という声が次々に聞こえてきたのです。

川の水は鉄の味

五月八日の植樹祭《しょくじゅさい》も快晴《かいせい》でした。三十三年もの間、「森は海の恋人植樹祭」は雨でとりやめになったことは一度もなく、文字どおりわたしは晴れ男です。

ロシアの大地に「チョウセンゴヨウ」の苗《なえ》をしっかり植えました。アムール虎《とら》のえさのため、そしてオホーツク海、北太平洋の三陸沖の魚たちのために祈《いの》りました。

「フルボ酸鉄をいっぱいつくってください。」

十日にはアムール川のそばまで行ってみました。大きな川です。かすかに向こう側が見えます。中国です。川の水を手ですくって飲んでみました。わたしはどこの川に行っても水を飲むのです。まちがいありません、フルボ酸鉄の味がします。わたしの舌《した》は、鉄の味がわかるのです。

川を周遊する観光船に乗ってみました。中国側に渡《わた》る船も出ています。上流側にも長い鉄橋が見えます。日本海側のウラジオストックからロシアの首都、モスクワまで行くシベ

リア鉄道《てつどう》の橋だそうです。太平洋戦争によって捕虜《ほりょ》になり亡《な》くなった方々のお墓《はか》がありま
す。お花を買ってお参りをしました。
川辺に日本とも関係のある先住民の遺跡《いせき》があるというので行ってみました。石に彫《ほ》られ
てある模様《もよう》を見てびっくりしました。北海道白老町《しらおいちょう》のアイヌ史跡《しせき》で見た模様《もよう》とそっくりな
のです。北方の人たちはきっと交流していたのですね。
帰国して、白岩先生に報告《ほうこく》しました。すると、「アムール川流域《りゅういき》にも開発の波が押《お》し寄《よ》
せています。巨大《きょだい》ダムの建設《けんせつ》、湿地《しっち》の大規模《だいきぼ》な農地化、工場廃水《こうじょうはいすい》など、世界共通の問題で
す。人間の意識《いしき》をどう変えていくか、子どものころからの教育が大事でしょうね。いい旅
でしたね。」
とほめていただきました。

コラム7

汽《き》水《すい》域《いき》（河《か》口《こう》）がなぜカキを育てやすいの？

わたしが小学生のころ、社会科の教科書に「リアス式海岸」の説明は次のように書かれていました。

「ノコギリの刃《は》のようにギザギザに入り組んだ地形。沖合から波が入りにくい。静かな入《い》り江《え》なのでいかだを浮《う》かべることができ、カキの養殖《ようしょく》が盛《さか》ん。」と。

「ああ、自分の住んでいるところは、ガンガリ（気仙沼《けせんぬま》の方言でノコギリのこと）の刃《は》のようなところなんだ」と強く心に刻《きざ》まれました。

大人になり、日本中のカキの産地を訪《おとず》れるようになって気がついたことは、その海はどこも川が注いでいる汽水域《きすいいき》だということです。わたしは、カキの産地に行くと、海に注ぐ川の河口《かこう》から上流まで歩くことにしています。

日本一のカキの産地の広島県・広島湾《ひろしまわん》には、太田川《おおたがわ》という大河《たいが》が流れこんでいます。太田川の上流は、島根県との県境《けんざかい》です。そこには大きなブナの森がありました。

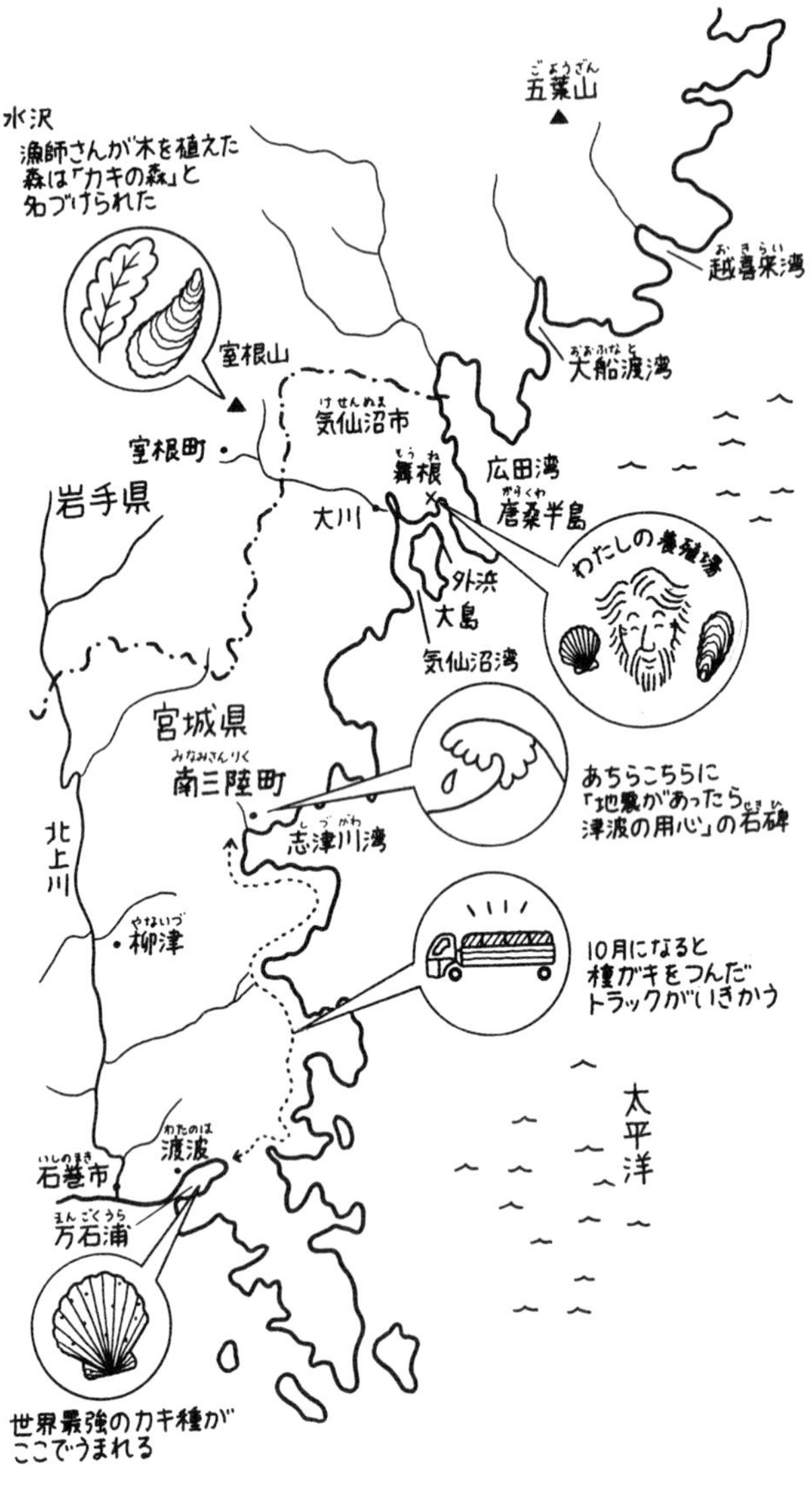
水沢
漁師さんが木を植えた森は「カキの森」と名づけられた
五葉山《ごようざん》
越喜来湾《おきらい》
大船渡湾《おおふなと》
室根山
気仙沼市《けせんぬま》
室根町
舞根《もうね》
広田湾
唐桑《からくわ》半島
岩手県
大川
わたしの養殖場
外浜
大島
気仙沼湾
宮城県
南三陸町《みなみさんりく》
あちらこちらに「地震があったら津波の用心」の石碑《せきひ》
志津川《しづがわ》湾
北上川
柳津《やないづ》
10月になると種ガキをつんだトラックがいきかう
太平洋
渡波《わたのは》
石巻《いしのまき》市
万石浦《まんごくうら》
世界最強のカキ種がここでうまれる

いいカキがとれる海の上流には、必ずいい森があることに気づいたのです。

そのようなものの見方で三陸リアス海岸を見てみると、追波湾《おっぱわん》には北上川《きたかみがわ》が流れ、上流には奥羽山脈《おううさんみゃく》、北上高地《きたかみこうち》という大森林です。志津川湾《しづがわわん》には、八本の川が流れています。「志津川《しづがわ》」と湾《わん》の名前にも川がついていますね。

気仙沼湾には、大川《おおかわ》が注いでいます。海は宮城県ですが、川の上流はほとんどが岩手県です。上流の室根山《むろねさん》にはブナ林があります。

気仙沼湾の北側から岩手県に入ります。広田湾《ひろたわん》には、二級河川《かせん》では日本一の清流といわれる気仙川《けせんがわ》が。その北側の大船渡湾《おおふなとわん》には盛川《さかりがわ》が。さらに越喜来湾《おきらいわん》、吉浜湾《よしはまわん》、唐丹湾《とうにわん》、釜石湾《かまいしわん》、両石湾《りょういしわん》、大槌湾《おおつちわん》、山田湾《やまだわん》、そして宮古湾《みやこわん》と続きます。

ほんとうにガンガリですね。

では、汽水域《きすいいき》はなぜカキがとれるのでしょう。それは、森林の腐葉土《ふようど》から染《し》み込《こ》んだ養分が川を流れ、カキのえさとなる植物プランクトンをいっぱい増《ふ》やすからです。

第8章

アメリカ最大の鉄《てっ》鉱《こう》石《せき》鉱《こう》山《ざん》が
おいしいカキを育てる

アメリカ／二〇一九年

メサビ鉱《こう》山《ざん》からミシシッピ川《がわ》をくだって
ニューオーリンズへ

メサビ鉱山《こうざん》の鉄

「あなたは磁石《じしゃく》みたい。いつも鉄をくっつけて帰ってくる。」

と、わたしは妻《つま》にいわれています。

二〇一九年（令和元年）五月、巨大《きょだい》な鉄がくっついてきました。アメリカ最大の鉄鉱石《てっこうせき》鉱山《こうざん》「メサビ鉄山《てつざん》」です。

そんなのどこにあるのかといいますと、北アメリカ五大湖《ごだいこ》のスペリオル湖《こ》に近いミネソタ州の北部にあるのです。でもそれだけではわたしの心は騒《さわ》ぎません。大きな地図を広げてスペリオル湖周辺を調べてみました。なんと、そこはミシシッピ川《がわ》の源流《げんりゅう》近くではありませんか。

ずっと昔、昭和四十年代ぐらいまでは、小学校の教科書に世界一長い川と記されていたのを思い出しました。約三千八百キロメートルもあるんですよ。河口《かこう》はメキシコ湾《わん》のニューオーリンズです。

このことを知って心が騒《さわ》ぐ人は、そう多くはないでしょう。でも鉄じいさんであり、カキじいさんであるわたしは、めまいがするほど心が騒《さわ》いだのです。

「メサビの鉄がカキを育んでいる。」

という直感です。中学生のころ出会った東北大学《とうほくだいがく》のカキ博士、今井丈夫《いまいたけお》先生から、ミシシッピ川河口《かこう》のカキの話を聞いていたからです。アメリカ東海岸のメキシコ湾《わん》は大西洋《たいせいよう》に面しています。だからここのカキは大西洋ガキ（アトランティック・オイスター）。ラテン語の学名は、クラスオストレア・ヴァージニカです。

太平洋《たいへいよう》に面した西海岸は、バンクーバー島の内側、シアトルを中心にカキは養殖《ようしょく》されています。ですからパシフィック・オイスター。学名はクラスオストレア・ギガスです。

百年前、沖縄出身の宮城新昌《みやぎしんしょう》という人が、宮城県の北上川河口石巻湾《きたかみがわかこういしのまきわん》で種苗《しゅびょう》の生産に成功し、シアトルの海に移植《いしょく》した話は、第三章でくわしく書いていますから、おぼえてくださっている人もいると思います。

そんなことで、わたしは西海岸には訪《おとず》れていました。そして、いつかミシシッピ川河口《かこう》のニューオーリンズへ行ってみたいと、中学生のころから思っていました。いきなりその機会がやってきたのです。

五月、大阪府木材連合会《おおさかふもくざいれんごうかい》が主催《しゅさい》する「うなぎの森植樹祭《もりしょくじゅさい》」の前夜祭に、若者《わかもの》が同席しました。五大湖近くのミネソタ州北側から北極圏へと連なるノースウッズと呼《よ》ばれる湖沼地帯《こしょうちたい》でオオカミの写真を撮《と》っている大竹英洋《おおたけひでひろ》君です。大竹君は、ノースウッズの写真で、二〇二一年に第四十回土門拳賞《どもんけんしょう》を受賞しています。

大竹君が、ミシシッピ川源流《げんりゅう》にアメリカ最大の鉄鋼石鉱山《てっこうせきこうざん》、メサビ鉄山があるというのです。

たくさんの人との巡《めぐ》りあい

人との出会いは人生を楽しくもしますし、苦しくもします。わたしはずっといい人と巡《めぐ》りあっています。

二〇一一年六月、あの東日本大震災《ひがしにほんだいしんさい》の年です。「森《もり》は海《うみ》の恋人植樹祭《こいびとしょくじゅさい》」に、大阪から来ました、という男性《だんせい》が現《あらわ》れたのです。名刺《めいし》を見ますと、大阪府木材連合会長の津田潮《つだうしお》さんでした。

東日本大震災の津波《つなみ》で海辺の家が流されてしまい、政府《せいふ》の援助《えんじょ》で仮設住宅《かせつじゅうたく》が建てられることになったのです。木材をとりあつかっている全国の団体《だんたい》に、担当地域《たんとうちいき》が割《わ》りあてられたそうで、大阪府木材連合会は、気仙沼市《けせんぬまし》が担当《たんとう》でした。

多くの職人《しょくにん》たちをまとめ、突貫工事《とっかんこうじ》で仮設住宅《かせつじゅうたく》を建てなくてはなりません。ところが泊《と》まる宿舎《しゅくしゃ》がないのです。そこで目をつけたのが気仙沼湾《けせんぬまわん》に注ぐ大川《おおかわ》上流の岩手県一関市室根町《いちのせきしむろねちょう》のキャンプ場です。「森は海の恋人植樹祭」の会場近くに、そのキャンプ場はありました。

津田さんが朝起きると、山に漁師《りょうし》のシンボルである大漁旗がひるがえっていました。その不思議な光景に興味《きょうみ》を持ち、歩いてキャンプ場にやってきたのです。全国から千五百人もの人々が集《つど》っていることに驚《おどろ》かれていました。そして、いいカキをつくるために、ブナやクヌギ、ナラなどの落葉広葉樹《こうようじゅ》の森が大切なことを知ったのです。津田さんの会社は宮崎に三千ヘクタールもの山林を有していて、森林についてはプロ中のプロです。でも、頭の中は「森林は木材をつくるためのもの」という思考でした。

カキのために木を植えている人がいる。津田さんはカルチャーショックを受けたのです。

翌年《よくねん》から百人近い人々を誘《さそ》い、大阪から「森は海の恋人植樹祭」に参加するようになりました。もっとも、カキが大好きな方で、カキを食べたいという気持ちもあったようです。

うなぎの森植樹祭

そうしているうちに、大阪湾《おおさかわん》に注ぐ淀川河口《よどがわかこう》で、天然ウナギをとっている漁師《りょうし》さんがいるという話をしてくれて、見学に行きました。五人ほどの漁師《りょうし》さんが春から秋にかけて、一人千匹《びき》ほどとっているのです。東北地方に住んでいると、淀川はきれいでないイメージがありました。そこで、ウナギのために川をきれいにしようと、「うなぎの森植樹祭」をすることになったのです。大阪市から少し上流の高槻市《たかつきし》の山に、です。

二〇一九年五月、その前夜祭に大竹君が来たのです。こうして、大竹君からアメリカのメサビ鉄山の話を聞き、ミシシッピが近づいたのです。

大竹君は一橋大学社会学部《ひとつばしだいがくしゃかいがくぶ》卒です。学生時代ワンダーフォーゲル部に属《ぞく》し日本中の山や川をテントをかついで旅する生活を続けていました。

大手銀行に就職《しゅうしょく》が決まっていましたが、大自然から離《はな》れた生活はどうしてもできないと悩《なや》みました。

そんなとき、大竹君の憧《あこが》れのカメラマンである、ジム・ブランデンバーグさんがアメリカの五大湖近くのミネソタ州の北側に連なる、ノースウッズという湖沼地帯《こしょうちたい》に住んでいることがわかりました。ブランデンバーグさんは、国際的《こくさいてき》に有名な自然科学誌《しぜんかがくし》『ナショナルジオグラフィック』の常連《じょうれん》でした。矢も盾《たて》もたまらず、リュックを背負《せお》って訪《たず》ねたのです。大竹君の情熱《じょうねつ》は著名《ちょめい》な写真家の心を動かし、ノースウッズでの撮影《さつえい》の面倒《めんどう》をみてくれることになったのです。

ノースウッズには日本では絶滅《ぜつめつ》してしまった野生のオオカミがいることで有名です。でも、警戒心《けいかいしん》が強いためいい写真はなかったそうです。大変な苦労をして大竹君は撮影《さつえい》に成功し、ブランデンバーグさんの紹介《しょうかい》もあって、ナショナルジオグラフィック誌《し》に写真が載《の》ったのです。

国際的《こくさいてき》なカメラマンとして認《みと》められたのです。

ミシシッピ川源流《げんりゅう》からニューオーリンズまでの旅に

わたしも三十年前、まったく先の見通しは立てられなかったのですが、とにかく第一歩を踏《ふ》み出《だ》さなきゃ、と、「森《もり》は海《うみ》の恋人運動《こいびとうんどう》」を立ち上げました。大竹君とは「どこか似《に》ているね。」と意気投合したのです。

そして、カキの成長には、フルボ酸鉄《さんてつ》が必要だという話をしますと、ミシシッピ川源流《げんりゅう》近くのメサビ鉄山のことを教えてくれたのです。大竹君のフィールドであるノースウッズで海のことを考えるとすれば、カナダの北側の海だそうです。ミシシッピ川河口《かこう》のメキシ

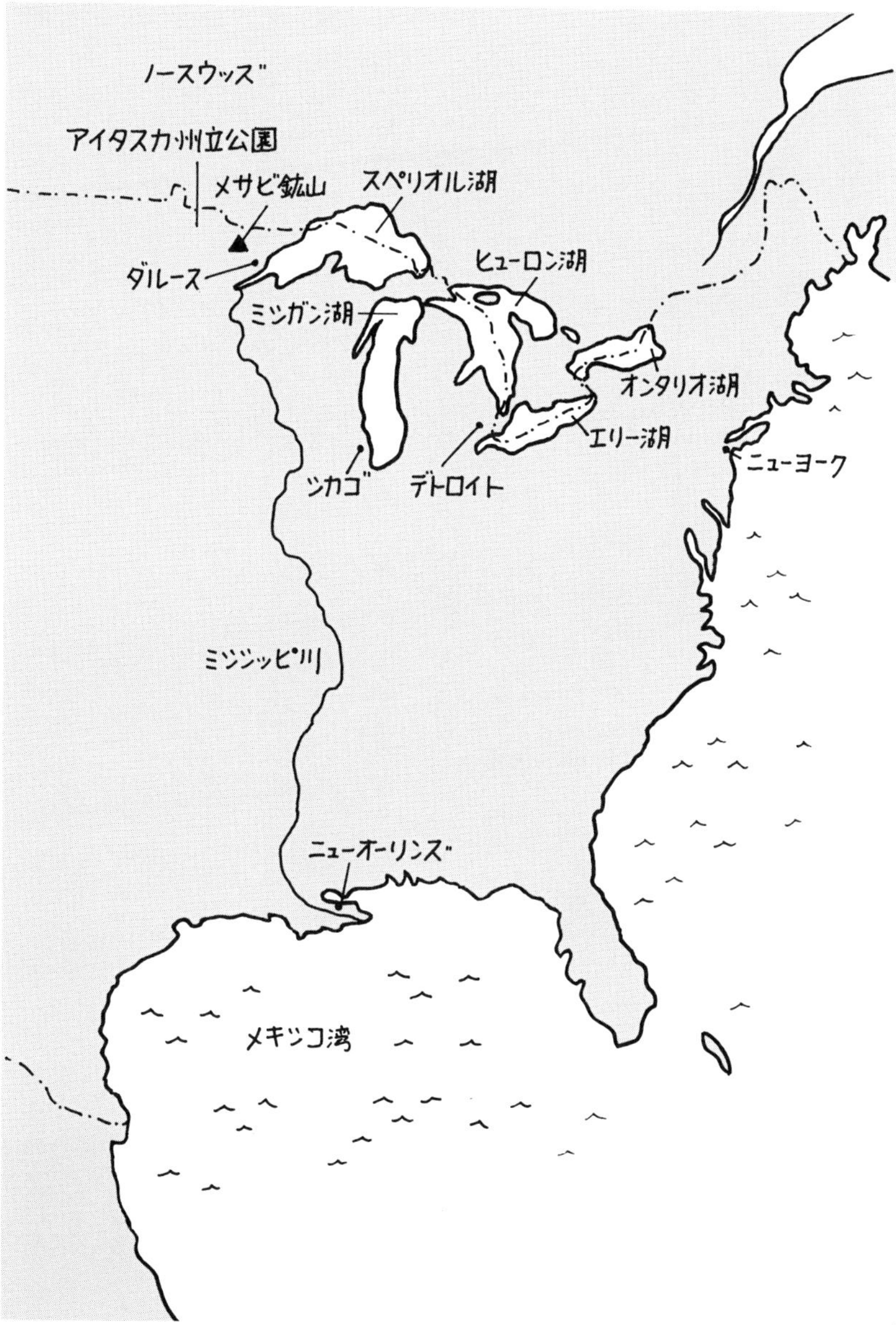
ノースウッズ
アイタスカ州立公園
メサビ鉱山
スペリオル湖
ダルース
ヒューロン湖
ミシガン湖
オンタリオ湖
エリー湖
シカゴ
デトロイト
ニューヨーク
ミシシッピ川
ニューオーリンズ
メキシコ湾

コ湾《わん》との関わりはまったく頭になかったそうです。

「おもしろそうですね。」

といわれたので、わたしは思わず大竹君の手を握《にぎ》り、そこへ連れていってくれないかと頼《たの》んでいたのです。津田さんも、カナダから木材を輸入《ゆにゅう》している関係から森と海との関係に興味《きょうみ》を示《しめ》していました。

大竹君にガイドをしてもらってミシシッピ川源流《げんりゅう》からメサビ鉄山、そして河口《かこう》のニューオーリンズまで旅をしてみよう、そんな話がまとまったのです。わたしがなぜ鉄に夢中《むちゅう》になっているか見せたいと思っていましたので、妻《つま》も連れていくことにしたのです。

二〇一九年八月五日、デルタ航空機《こうくうき》は羽田空港《はねだくうこう》を飛び立ちました。アメリカ中西部ミネソタ州都にあるセントポール空港までの旅です。セントポール空港に着くと、予約してあったレンタカーに乗《の》りこみ出発です。

ハイウェイを五時間走ると五大湖の一つスペリオル湖が見えてきました。そして湖岸の古い町ダルースにつきました。

「カキじいさん、いよいよ鉄ですよ。ここからは鉄じいさんと呼《よ》ばせていただきますよ。」

と、大竹君は笑いながら話しかけてきます。そして、スペリオル湖を一望する高台に車を走らせました。

「あれを見てください。」

と指さしました。湖岸のふ頭まで鉄道がのびていて、貨物列車が並《なら》んでいます。長い貨車の横には、赤茶色の小石のようなものが山になっています。大竹君は、

「鉄じいさん、鉄鉱石《てっこうせき》ですよ。やっと鉄にめぐりあいましたね。」

といいました。

メサビ鉄山の鉄鉱石《てっこうせき》がここからシカゴ、デトロイトを中心に五大湖周辺の工業地帯に運ばれていきます。もっとも鉄鉱石《てっこうせき》が掘《ほ》られたのは、太平洋戦争《たいへいようせんそう》のときだったそうです。当時、世界有数の埋蔵量《まいぞうりょう》を誇《ほこ》っていました。

戦争前、日本の軍人がここに来て、この光景を見ていたら、歴史《れきし》は変わっていたかもしれませんね。石油も、鉄鉱石《てっこうせき》も乏《とぼ》しい日本がどうしてこんな国と戦争をしたのか理解《りかい》できませんね。

一橋大学社会学部出身の大竹君が説明してくれました。理系《りけい》、文系《ぶんけい》両方に知識《ちしき》のあるナイスガイドです。大きな地図を出して、五大湖の地理的位置を確《たし》かめました。

五大湖とは、スペリオル湖、ミシガン湖、ヒューロン湖、エリー湖、オンタリオ湖です。もっとも大きいのはスペリオル湖で、世界一の湖です。水質《すいしつ》もそのまま飲めるほどきれいで、サウジアラビアから、

「タンカーを乗り入れるから、水を売ってほしい。」

といわれていたそうです。

「えっ、海とつながっているの。」

と、地図を見ますと、五大湖は運河《うんが》でつながれていて、オンタリオ湖からセントローレンス川《がわ》を通じて、大西洋に注いでいるのです。

大西洋への出口は、カナダのニューファンドランド・ラブラドル州。うちの犬「ハナ」はラブラドル犬です。こんな寒いところで生まれたのか、とびっくりです。

その晩《ばん》は大竹君の知り合いの、ミネソタ大学の教授《きょうじゅ》の別荘《べっそう》に泊《と》めてもらいました。なんと教授《きょうじゅ》はわたしの書いた『森は海の恋人』（文春文庫《ぶんしゅんぶんこ》）の本を読んでいたのです。

メサビ鉄山へ

世界最大の淡水湖《たんすいこ》、スペリオル湖畔《こはん》の朝をむかえました。太平洋の水平線から昇《のぼ》る太陽は見なれていますが、湖の水平線からの真っ赤な太陽には驚《おどろ》いてしまいました。

今日目指すのはメサビ鉄山です。アメリカ・ミネソタ州東部に広がる鉄鉱石《てっこうせき》の鉄山帯で、「Mesabi《メサビ》 Iron《アイアン》 Range《レインジ》」と呼《よ》ばれています。世界有数の埋蔵量《まいぞうりょう》を誇《ほこ》っています。

今から二十億年ほど前の、先《せん》カンブリア紀《き》といわれた時代、海によって浸食《しんしょく》された台地から大量の鉄や、ケイ素《そ》が溶《と》け出《だ》しました。

これらの養分は植物の成長にとても大切なものです。やがて、海に植物プランクトンが大発生したのです。

プランクトンといっても、陸の植物と同じで、光合成で成長します。そして、大量の酸《さん》素《そ》を放出します。酸素は海中の鉄と結びつき、水酸化鉄《すいさんかてつ》という粒子《りゅうし》（つぶつぶの形）になります。

粒子《りゅうし》は重いので海底に落ちていきます。それらの沈殿物《ちんでんぶつ》は渦《うず》の流れでミネソタ州北部の海底に堆積《たいせき》しました。バケツの水に泥《どろ》を溶《と》かしてかきまぜると、中央に泥《どろ》が集まりますね。あのイメージです。

やがて地殻変動《ちかくへんどう》で堆積物《たいせきぶつ》が地上に押《お》し上《あ》げられたのです。一八八七年、メリット兄弟により鉄鉱石《てっこうせき》が発見され、以来ずっと掘《ほ》り続《つづ》けられているのです。

このような分野も地理学の世界ですよ！

メサビ鉄山に向けて車は出発しました。鉄じいさんの胸《むね》は喜《よろこ》びでドキドキしています。

「ほんとうに不思議な人ですね。」と、大竹君は笑っています。

三時間ほど走ると周りの風景は赤く変わってきます。鉄鉱山《てっこうざん》の見学コースに沿《そ》って小高い山の上の見晴らし台に立ちました。地平線の果てまで、赤の大地が広がっています。

世界一の露天掘《ろてんぼ》りの鉄鉱山《てっこうざん》だそうです。口を開けば、鉄、鉄、鉄、と語るわたしを不思議そうな顔で見ていた妻《つま》も、圧倒《あっとう》されています。

「植物プランクトンによる光合成で酸素が発生し、粒子《りゅうし》となった鉄が海底に落ちたのがこの赤い大地だ。だから海は貧鉄《ひんてつ》なんだ。わかったか。」

と胸《むね》をはりました。

「あなたが鉄、鉄といっているのがわかりました。やっと好きになれそうです。」

と妻《つま》が語りました。

赤の大地

アメリカのメサビ鉄山で、果てしなく広がる赤の大地をその目で見て、妻《つま》は植物プランクトンと鉄のかかわりを納得《なっとく》したようです。じつは妻《つま》は、宮城県の塩釜女子高校《しおがまじょしこうこう》（現・塩《しお》釜高等学校《がまこうとうがっこう》）生物部出身で、高校生活はプランクトンを顕微鏡《けんびきょう》で観察することに明《あ》け暮《く》れていました。わたしより、プランクトンのことはくわしいのです。

でも当時、先生から、鉄とプランクトンのことを教えてもらったことはまったくなかったそうです。それもそのはずです。妻《つま》が高校生だったのは六十年も昔のことです。

わたしが鉄とプランクトンのことを知ったのは四十五歳《さい》のときだったのですから。そのころ、東北大学の地質学《ちしつがく》の先生が話されたことを思い出しました。

「海の生物のことを思って地質《ちしつ》を研究している人は一人もいませんよ。」と。

お役所の仕組みが「縦割《たてわ》り」といって役割《やくわり》が別々になっているのと同じで、学問の世界も、せまい分野を深く研究するという時代が来ていたのです。

前の晩《ばん》、泊《と》めてもらったミネソタ大学の先生も、

「縦割《たてわ》りという仕組みがどれほど学問を遅《おく》らせているか計りしれません。学者はカキじいさんのような発想を描《えが》けないのです。講演会《こうえんかい》を企画《きかく》しますので、またぜひ、ミネソタに来てください。」

といわれました。

湖に漁師歌《りょうしうた》が響《ひび》く

この季節、深夜まで明るいのです。腹《はら》ごなしに数人乗りのボートをチャーターして、湖に出ました。なんだか、気仙沼の家に帰ったような気分です。大竹君と、いっしょに来て

いる津田さんに宮城県の漁師歌《りょうしうた》、斎太郎節《さいたらぶし》を披露《ひろう》しました。

「お前踊《おど》れ。」と妻《つま》を促《うなが》しました。

「松島〜の〜。」

夕焼けの湖に、宮城の漁師歌《りょうしうた》が響《ひび》いていました。


二十年も通ってオオカミの写真を撮《と》り続《つづ》けている大竹君の気持ちを尊重《そんちょう》し、次の日は鉄とカキから離《はな》れた一日を過《す》ごすことになりました。何度か訪《おとず》れているコースだそうですが、ガイドを雇《やと》う決まりになっているのです。二人のガイドの乗るライトバンの屋根には、二そうのカヌーが積まれていました。まるで気仙沼市《けせんぬまし》の舞根湾《もうねわん》そっくりの湖岸に着きました。


北アメリカ大陸の北緯《ほくい》四十五度から六十度にかけて広がるノースウッズの森は、南アメリカのアマゾン、シベリアのタイガに匹敵《ひってき》する世界最大級の原生林です。しかも高い山脈《さんみゃく》はなく、見渡《みわた》す限《かぎ》り針葉樹《しんようじゅ》を中心とする森林が広がっています。

およそ一万年前の最後の氷河期《ひょうがき》が残した無数の湖が点在《てんざい》し、ミネソタ州ナンバーの車には「10,000 lakes（一万の湖）」と記されているほどです。

ガイドがついたカヌーに妻《つま》と乗りこみました。若《わか》いころ、ノリの養殖《ようしょく》をしていてダンベカッコ（細長い小型《こがた》の木造船《もくぞうせん》）を自由自在《じゆうじざい》に乗り回していたわたしにとって、新鮮味《しんせんみ》はありません。オールを操《あやつ》ってどんどん進むと、ガイドは驚《おどろ》いています。それはそうでしょう、こちらは本職《ほんしょく》の漁師《りょうし》なんですから。

三十分ほど進むと大きな岩の壁《かべ》が切り立っている岸辺にカヌーを寄《よ》せました。赤っぽい絵の具で、動物や鳥の絵が描《か》いてあるのです。鉄の粉《こな》に動物の脂《あぶら》を混《ま》ぜた顔料を使っているそうです。世界最大の鹿といわれるムース（ヘラジカ）やクマ、ノースウッズの水辺を象徴《しょうちょう》するハシグロアビ（カナダの一ドルコインに刻印《こくいん》されている）という鳥の絵などで、先住民が描《か》いたものです。

ミシシッピ源流《げんりゅう》へ

アメリカ最大の河川《かせん》、ミシシッピ川の源流《げんりゅう》にとうとう着きました。

全長3800キロメートル、ミシシッピ川の源流《げんりゅう》に到着《とうちゃく》。

と、書きますと、人跡未踏《じんせきみとう》の秘境《ひきょう》を想像《そうぞう》しますよね。日本の何本かの源流《げんりゅう》まで行きましたが、かなり苦労しました。

でも、さすがミシシッピ川はスマートですね。立派《りっぱ》な舗装道路《ほそうどうろ》が通じているのです。アイタスカ州立公園（Itasca State Park《アイタスカステートパーク》）の中の湖が源流《げんりゅう》なのです。ステートとは州のことでミネソタ州の中にあります。立派《りっぱ》な管理事務所《かんりじむしょ》とビジターセンターが備《そな》わっています。源流《げんりゅう》のミネソタ州からメキシコ湾《わん》に面するルイジアナ州、ニューオーリンズまで示《しめ》す、巨大《きょだい》な俯瞰図《ふかんず》があります。全長三千八百キロメートルほどで、大きな山脈《さんみゃく》はなく流域《りゅういき》全体がほぼ広大な農地なのですからすごい国ですよね。

アイタスカ州立公園に隣接《りんせつ》するようにアメリカ最大の鉄鉱石鉱山《てっこうせきこうざん》（メサビ鉄山）が備《そな》わっているのですから、できすぎです。

トウモロコシ、小麦、ピーナッツ、サトウキビ、綿《めん》などの農産物が育つにも、もちろん鉄分が必要です。

汽水域《きすいいき》はカキの大産地

そして、この川が注ぐメキシコ湾《わん》の汽水域《きすいいき》はカキの大産地です。すごいね、などと興奮《こうふん》した声で話していますと、ガイドの人が話しかけてきました。

「変な外国人がなに興奮《こうふん》してんだろう。」

と思ったようです。大竹君が、日本からはるばる源流《げんりゅう》を訪《おとず》れている訳《わけ》を話しました。ガイドはじつに不思議そうな顔をしています。ミシシッピならわたしにまかせてという立場の人ですから、当然です。

植物と鉄分の関係は知りませんでした。まして、三千八百キロメートル先のカキのことなんか論外《ろんがい》です。カキを食べたのは何年前か忘《わす》れたわ、と微笑《ほほえ》みました。そして「あなた方のような視点《してん》でここを訪《おとず》れた人は初めてでしょう。訪問者《ほうもんしゃ》のサイン帳にぜひ記帳してください。」

といわれ、漢字で記帳しました。

アイタスカ州立公園は岩手県ほどの広大な森林です。その中に湖があり、地下水が湧《わ》いていて、あふれた水は小川となって流れ出し、大ミシシッピ川となるのです。湖のあふれ口は十メートルほどで、石が積んであり、その間をザワザワ音を立てながらオーバーフローしています。その水音はわたしには、ミシシッピ、ミシシッピと聞こえました。

川はフルボ酸鉄《さんてつ》の味がする

カキの漁場は世界中、河川水《かせんすい》と海が交わる汽水域《きすいいき》です。河川水《かせんすい》に含《ふく》まれる、フルボ酸鉄がえさとなる植物プランクトンの発生に関わっているからです。

わたしはどこの川に行っても必ず水を飲みます。ミネソタ州のミシシッピ川源流《げんりゅう》の水も、もちろん口に含《ふく》んでみました。まちがいありません。たしかに、フルボ酸鉄の味がします。

それはそうでしょう、アメリカ最大の鉄鉱石鉱山《てっこうせきこうざん》メサビ鉄山が近いのですから。味わっただけでは証拠《しょうこ》になりません。ペットボトルに採水《さいすい》して持ち帰り、分析《ぶんせき》をすることも旅の大きな目的なのです。

もう三十五年も前、松永《まつなが》先生が、気仙沼湾に注ぐ大川《おおかわ》と、気仙沼湾の生物生産との関係を調査《ちょうさ》されました。

そのとき学生に語っていたことをおぼえていました。

「ガラスの容器《ようき》は、絶対《ぜったい》に使っては駄目《だめ》です。」

といっていたのです。ガラスはごく微量《びりょう》ですが鉄が含《ふく》まれていて、そのデータはまったく役に立たない、というのです。

容器《ようき》は、プラスチックのペットボトルを使うこと。何度も学生にそういうのを耳にしていました。

まずミシシッピ源流《げんりゅう》の水を、ペットボトル三本にとりました。ホテルの冷凍庫《れいとうこ》で凍結《とうけつ》してもらうのです。

源流《げんりゅう》から川沿《かわぞ》いに半日ほどかけて飛行場のある州都ミネアポリスまでくだりました。もちろん途中《とちゅう》で採水《さいすい》しました。

本当は車で河口《かこう》のニューオーリンズまでくだりたいのですが、十日はかかりそうです。八月八日でお盆《ぼん》が近づいていました。お盆《ぼん》は先祖を祀《まつ》る大事な行事です。家に帰らなければなりません。セントポール空港近くのホテルに一泊《ぱく》し、翌朝《よくあさ》、ニューオーリンズ目指して飛び立ちました。

到着《とうちゃく》した空港名は、ルイ・アームストロング空港。「サッチモ」の愛称《あいしょう》で知られるジャズの神様の名です。

大西洋のカキを食べる

ニューオーリンズといえば、ジャズとビールと、カキ。オイスターバーの発祥地《はっしょうち》です。空港に降《お》りると、圧倒的《あっとうてき》に黒人の人が多いのです。みなさん生き生きしています。わたしたちも、少しわくわくしてきました。

外に出るとミシシッピ上流とは暑さがまったく違《ちが》います。それもそのはず、隣《となり》はテキサス州。その隣《となり》はメキシコですからね。

ここがアメリカ南部か。とうとうやってきました。

今回のアメリカ・ミシシッピ行きは、上流部は大竹君の案内でよい旅となりました。でも、下流のニューオーリンズにはカキを養殖《ようしょく》している知り合いがいませんでした。じつはわたしは旅に出るとき、細かい予定は立てず行きあたりばったりが多いのです。〃なんとかなるさ旅〃が好きなのです。

海を目指して車を走らせると、カキの絵がデザインされているレストランがありました。

ちょうど昼食の時間でしたので、店に入り食事をすることになったのです。店内には昔の養殖場《ようしょくじょう》の写真が貼《は》られていて、まるで博物館に入ったみたいです。

「カキじいさんの勘《かん》はすごいですね。」

と、津田さんも大竹君も驚《おどろ》いています。

ミシシッピデルタのカキ養殖《ようしょく》は、地まき式といって、広大な干潟《ひがた》にカキの種苗《しゅびょう》をバラまいて養殖《ようしょく》する方法です。

昔、万石浦《まんごくうら》で、小規模《しょうきぼ》ですがこの方法で養殖《ようしょく》をするのを見たことがあります。若《わか》いころ、フランスに視察《しさつ》に行ったとき、大規模《だいきぼ》な養殖場《ようしょくじょう》は見ました。この方式は、干満《かんまん》の差が大きく、大きな干潟《ひがた》が出現《しゅつげん》する海で行われています。

ちなみに日本では、ほとんど垂下式養殖《すいかしきようしょく》です。今から百年ほど前、宮城新昌が発明しました。いかだを浮《う》かべてカキの稚貝《ちがい》をぶら下げて養殖《ようしょく》する方法です。

店に貼《は》ってある写真を見て気がついたことがあります。干潟《ひがた》で働いている人がほとんど黒人なのです。東北大学のカキ博士だった今井丈夫先生から中学生のとき聞いた話を思い出しました。

アメリカ南部には、アフリカから連れてきた黒人の奴隷《どれい》を働かせて、綿《めん》やサトウキビなどを栽培《さいばい》する大規模《だいきぼ》な農園がありました。これをプランテーションといい、カキの養殖《ようしょく》も同じような歴史《れきし》があります。

アメリカ南部のカキ養殖《ようしょく》の歴史《れきし》をひもとくということは、人種問題というアメリカが抱《かか》える最大の問題に触《ふ》れることになるのです。

アメリカ南部の名物料理「カキのガンボスープ」

レストランに入ると、「ガンボスープ」というアメリカ南部の名物料理が出てきました。たっぷりのカキに、オクラ、トマト、カニなどを煮込《にこ》んだものです。ガンボとはオクラのことです。さまざまなものがまじり合った地。そこがニューオーリンズです。

アメリカ・ミシシッピの旅も終わりが近づいていました。もう八月十日、お盆《ぼん》が近づいて妻《つま》はそわそわしはじめました。

カキ生産者を訪《たず》ねて船で生産現場《せいさんげんば》に行きたいのですが、知り合いがいませんでした。昼食を食べたレストランのご主人に話しかけると、

「いい人がいます。紹介《しょうかい》しましょう。」

と、場所を教えてくれました。

「畠山《はたけやま》さんの嗅覚《きゅうかく》はすごいですね。」

と、大竹君もびっくりしています。ゆっくり海辺のほうに車を走らせるとカキの殻《から》が見えました。ベルトコンベヤーが動いていて、トラックに殻《から》が落ちています。カキをむく作業場があって、いまむいていることがわかりました。

作業場に入っていくと、男の人が対応《たいおう》してくれました。

「日本のカキ生産者です。」

と話しますと、驚《おどろ》いています。作業場では、五十人ほどが、ナイフでカキをむいています。黒人が多いようです。名刺《めいし》を差し出しますと、

「わたしは経営者《けいえいしゃ》ではありません。主《あるじ》は今日は不在《ふざい》です。わたしは現場監督《げんばかんとく》のような立場です。」

といいました。

中を案内してもらうと、冷蔵庫《れいぞうこ》の中は容器《ようき》に入ったむき身のカキがたくさん重なっていました。大西洋ガキのむき身です。さっき食べたニューオーリンズの名物料理、ガンボスープの食材になるのです。

応接間《おうせつま》には、漁場の大きな航空写真《こうくうしゃしん》が貼《は》られています。ミシシッピ川をはさんで複雑《ふくざつ》に絡《から》み合《あ》った広大な入《い》り江《え》の写真です。とにかく広大です。漁場の近くの基地《きち》まで車で半日かかります。そこから養殖場《ようしょくじょう》まで、船で二時間はかかるというのです。

「ここの取材は、最低一週間はかかるね。今回はあきらめましょう。来年また来ましょう。」

ということになりました。

冷蔵庫《れいぞうこ》の中には大きなザリガニのようなものが袋《ふくろ》に入って、いっぱい積み上げられています。これもガンボスープの食材です。いいダシが出るのです。冷凍《れいとう》した魚も積み上げられています。汽水のザリガニを捕《と》るしかけに入れるえさです、と教えてくれました。

大竹君が、

「ミシシッピデルタをめぐる乗り物、ホバークラフトが運行しているので乗ってみましょう。」

といいました。さまざまな水草が浮《う》かんでいて、スクリューの船では行けないのです。飛ぶように船は進みます。何か大きなものが動いています。でっかいワニです。ここは亜熱《あねっ》帯《たい》、カキとワニが共存《きょうそん》しているのです。

コラム8 世界中には、どんなカキがあるの？

グリコーゲンやタウリンを多く含《ふく》むカキは「海のミルク」といわれ、世界中のたくさんの人々に愛されています。どんなカキがあるのか見てみましょう。アメリカの東海岸のカキは「アトランティック・オイスター（大西洋ガキ）」といいます。貝柱が付着しているところの貝殻《かいがら》が青紫色《あおむらさきいろ》をしているので、「ブルーポイント」と呼《よ》ばれています。殻《から》は平べったく、独特《どくとく》の味わいがあります。サンフランシスコから北のアメリカ西海岸のカキは「オリンピア・オイスター」といい、かなり小ぶりで成長するのに時間がかかります。ももともとアメリカにはヴァージニカとオリンピアしかいませんでした。このほか、百年前、沖縄出身の宮城新昌が宮城種《みやぎだね》の移植《いしょく》に成功した「パシフィック・オイスター（太平洋ガキ／マガキ）」が、今でも養殖《ようしょく》されています。

フランスのカキ生産者は、古くから「ポルトケーゼ」というカキの種苗《しゅびょう》をポルトガルから輸入《ゆにゅう》していました。ところが六十年ほど前、ウイルス性《せい》の病気が発生し、ほぼ全滅《ぜんめつ》しかけたのです。そこでフランスの生産者が目をつけたのは、百年前にアメリカの西海岸に日本から運ばれて養殖《ようしょく》に成功していた「マガキ」の種苗《しゅびょう》「宮城種」でした。ポルトケーゼはマガキとよく似《に》ていますが、殻《から》の周りのギザギザがゆるやかです。フランスのブロン川河口《がわかこう》付近でとれるのは、ブロンというブランド名で知られる「ヨーロッパヒラガキ」です。平たくて丸みを帯びた貝殻《かいがら》です。

オーストラリアに自生するカキは「シドニー・ロック・オイスター」で、ニュージーランドには「ブラフ・オイスター」があります。カップの小ぶりなカキです。日本の熊本県の八代海《やつしろかい》の河口《かこう》では「クマモト」が生産されています。県の名前のまんまですね。小ぶりで丸みを帯びた殻《から》をしています。

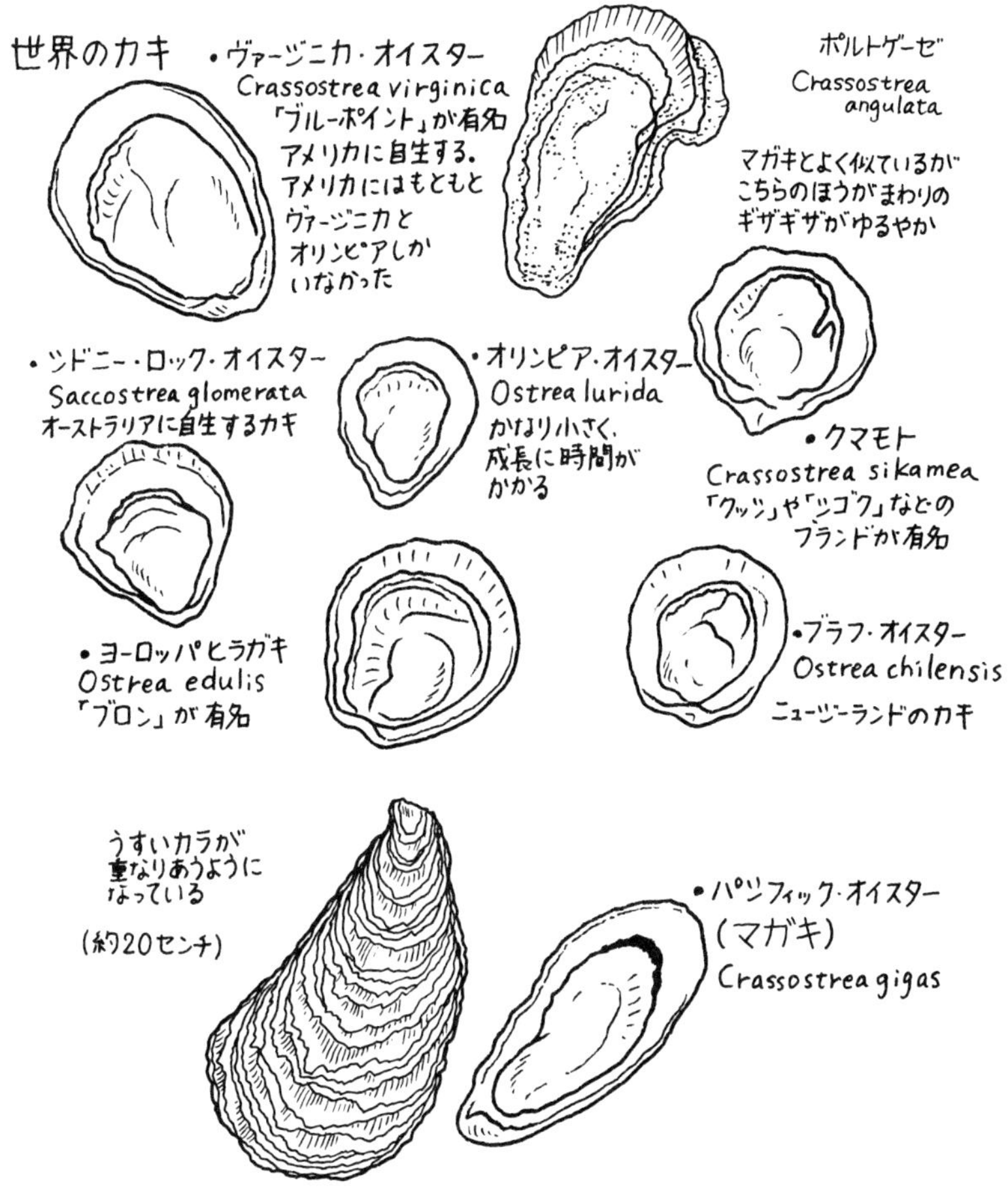
世界のカキ
・ヴァージニカ・オイスター
Crassostrea virginica
「ブルーポイント」が有名
アメリカに自生する。
アメリカにはもともと
ヴァージニカと
オリンピアしか
いなかった
ポルトゲーゼ
Crassostrea angulata
マガキとよく似ているが
こちらのほうがまわりの
ギザギザがゆるやか
・シドニー・ロック・オイスター
Saccostrea glomerata
オーストラリアに自生するカキ
・オリンピア・オイスター
Ostrea lurida
かなり小さく、
成長に時間が
かかる
・クマモト
Crassostrea sikamea
「クッシ」や「シゴク」などの
ブランドが有名
・ヨーロッパヒラガキ
Ostrea edulis
「ブロン」が有名
・ブラフ・オイスター
Ostrea chilensis
ニュージーランドのカキ
うすいカラが
重なりあうように
なっている
(約20センチ)
・パシフィック・オイスター
(マガキ)
Crassostrea gigas

フランスには、大きな銀盆《ぎんぼん》の氷の上に殻《から》つきカキやムール貝、アサリ、塩ゆでしたカニやエビなどを盛《も》った「フリュイ・ド・メール（海のフルーツ）」という豪快《ごうかい》な海鮮料理《かいせんりょうり》があります。レモンを絞《しぼ》ったり、ソースをつけてとれたての味を楽しみます。

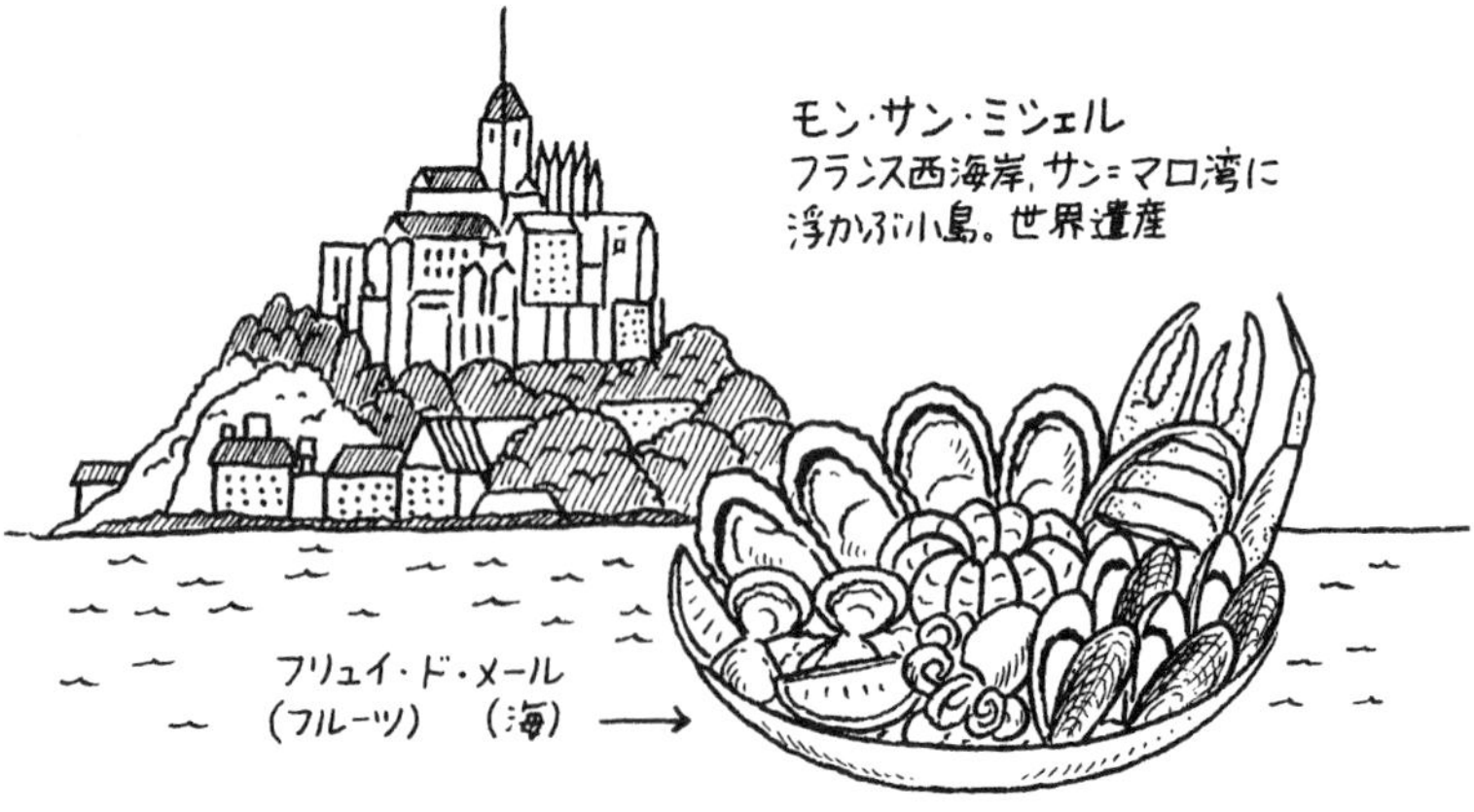
モン・サン・ミシェル
フランス西海岸，サン＝マロ湾に
浮かぶ小島。世界遺産
フリュイ・ド・メール
（フルーツ）　（海）

エピローグ

——森は海に恋《こ》い焦《こ》がれ、海は森に恋《こ》い焦《こ》がれる

世界一のカキ生産地だったニューヨークで、人類が生きる道を考える

漁師《りょうし》が「フォレスト・ヒーロー（森《もり》の英雄《えいゆう》）」に選ばれる

東日本大震災《ひがしにほんだいしんさい》のあった二〇一一年（平成二十三年）十一月、林野庁《りんやちょう》から連絡《れんらく》がありました。

「今年は国際連合《こくさいれんごう》（国連）が定めた国際森林年《こくさいしんりんねん》で、世界じゅうで森林の大切さをアピールするイベントが行われています。国連森林フォーラムでは、民間人で森林保全活動《しんりんほぜんかつどう》をしている個人《こじん》または団体《だんたい》を、アジア、アフリカ、ヨーロッパ、北アメリカ、中南米（ラテンアメリカ）地域《ちいき》から一人ずつ選出し、『フォレスト・ヒーローズ（森の英雄《えいゆう》）』として表彰《ひょうしょう》することになりました。そこで、長年にわたり『森《もり》は海《うみ》の恋人《こいびと》』運動をされている畠山《はたけやま》さんがアジア代表に選ばれたのです。」

というのです。

「寝耳《ねみみ》に水」というたとえがありますが、まさに寝《ね》ていて耳に水を入れられた感じでした。みんなに報告《ほうこく》すると、

「世界から認《みと》められたんだ。」

「いがった、いがった（よかった、よかった）。」

と、喜《よろこ》びあいました。

ニューヨークへの出発は、翌年《よくねん》の二月七日に決まりました。ニューヨークへは林野庁《りんやちょう》の職員《しょくいん》の方がつきそいで行ってくれることになっていました。でも、英語のできないわたしは心ぼそく、息子の耕《こう》をつれていくことにしました。

世界一のカキ産地だったニューヨーク

ニューヨークに向かう飛行機の中で、わたしは一冊《さつ》の本を読みふけっていました。アメリカの作家マーク・カーランスキーが書いた『牡蠣《かき》と紐育《ニューヨーク》』（扶桑社）という本です。

アメリカ東海岸のカキについての知識《ちしき》は、著名《ちょめい》なカキ博士であった今井丈夫《いまいたけお》先生から学んでいました。

東海岸のカキは、学名を「クラスオストレア・ヴァージニカ」といい、日本では「大西《たいせい》洋《よう》ガキ」とよばれていること、貝柱が付着しているところの貝殻《かいがら》が青紫色《あおむらさきいろ》をしているので「ブルーポイント」とよばれていること、日本のマガキにくらべて殻《から》は平べったいが、独特《どくとく》の味わいがある、ということなどでした。

サンフランシスコから北のアメリカ西海岸のカキは、百年前、沖縄出身の宮城新昌《みやぎしんしょう》が、宮城県産の種ガキを移植《いしょく》に成功し、「パシフィック・オイスター」の名で今でも養殖《ようしょく》されています。そのことを調べるため、わたしはシアトル沿岸《えんがん》を訪《おとず》れ、『牡蠣礼讃《かきらいさん》』（文春新書《ぶんしゅんしんしょ》）という本を出版《しゅっぱん》したほどです。

でも、ニューヨークとカキについては、まったく知識《ちしき》がありません。成田《なりた》からニューヨークへのフライトの十三時間をかけ、この大作を一気に読みました。

驚《おどろ》くことに、なんと十八世紀《せいき》中ごろまで、世界一のカキの生産地はニューヨーク湾《わん》だったというのです。

一六〇九年、オランダにやとわれたイギリスの探検家《たんけんか》、ヘンリー・ハドソンが、「ハーフ・ムーン号」でニューヨーク湾《わん》にたどりつきました。そのときハドソンが目にしたのは、ニューヨーク湾《わん》のカキをふんだんに味わっている先住民の人々だったのです。

ニューヨーク湾《わん》は大きな川が注ぐ大汽水域《だいきすいいき》でした。ハドソンの名にちなんで、もっとも大きな川が「ハドソン川」と命名されました。

カーランスキーは、「近代文明の象徴《しょうちょう》、摩天楼《まてんろう》が大きな顔をしているこの地は、白人が足を踏《ふ》み入《い》れる前は、大自然の恵《めぐ》み豊《ゆた》かなエデンの園《その》のような地であった。」と書いています。

ハドソン川の河口《かこう》の汽水域《きすいいき》には、二百五十平方マイル（約六百五十平方キロメートル）にわたって、カキの繁殖地《はんしょくち》が広がっていました。かつてニューヨーク湾には、世界じゅうのカキの優《ゆう》に半数が生息していただろうという生物学者がいるそうです。ですから、この地域《ちいき》の人々は、わざわざ遠くへ行かなくても、熟《じゅく》した果実をもぎとるように、浅瀬《あさせ》でカキをとることができたというのです。

ニューヨークの人口は、急速に増《ふ》えていきました。汚物処理《おぶつしょり》は黒人奴隷《どれい》の仕事でした。夜遅《よるおそ》く、奴隷《どれい》たちは次々と汚物《おぶつ》の入った桶《おけ》を頭にのせて川に運び、まさにカキの繁殖地《はんしょくち》で

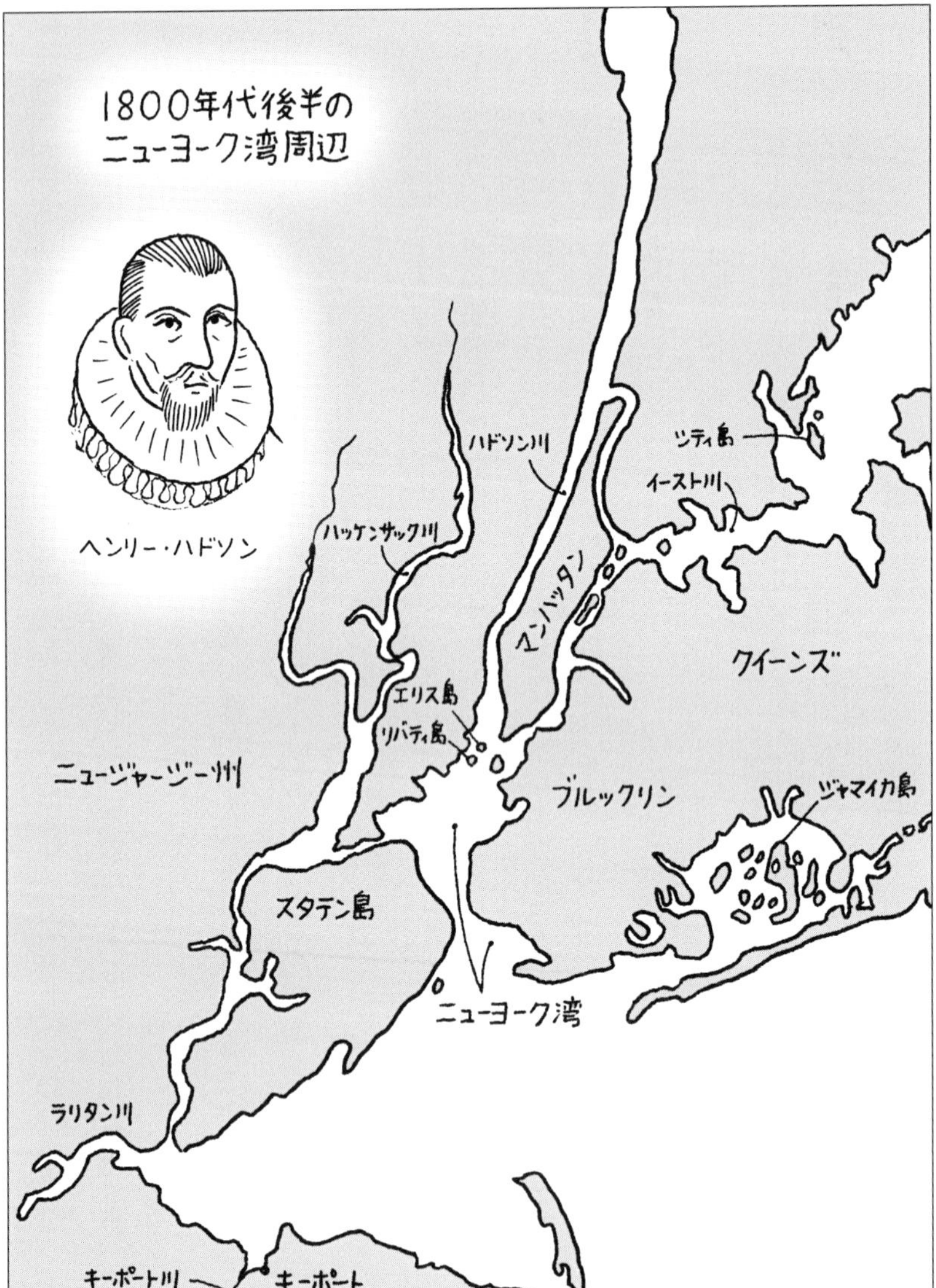

1800年代後半の
ニューヨーク湾周辺
ヘンリー・ハドソン
ハドソン川
シティ島
イースト川
ハッケンサック川
マンハッタン
クイーンズ
エリス島
リバティ島
ニュージャージー州
ブルックリン
ジャマイカ島
スタテン島
ニューヨーク湾
ラリタン川
キーポート川
キーポート

ある川に捨《す》てていたのです。

一八〇〇年代になると、ニューヨークでは恐《おそ》ろしい伝染病《でんせんびょう》が流行《はや》るようになりました。原因《げんいん》はおそらく生ガキにちがいない、ということになり、「オイスター・パニック」といわれました。

オイスター・パニックから二～三年して、フランスの化学者ルイ・パスツールは、「病気は細菌《さいきん》によって引き起こされる。」という理論《りろん》を展開《てんかい》させました。

長年疑《うたが》われていた、カキと腸《ちょう》チフスとの因果関係《いんがかんけい》も、一八九〇年代にわかりました。公《こう》衆衛生機関《しゅうえいせいきかん》の調査《ちょうさ》で、水とカキからサルモネラ菌《きん》が検出《けんしゅつ》され、それが腸チフスをくりかえし発生させる原因《げんいん》であることがつきとめられたのです。サルモネラ菌の発生源《はっせいげん》は汚水《おすい》であり、カキのせいではないこともたしかめられました。

一九二四年七月二十五日の『ニューヨークタイムズ紙』の社説には、

「ハドソン川には毎年、千四百万トンもの汚物《おぶつ》が流れこんでいると試算されました。ニューヨークの半径二十マイル（約三十二キロメートル）以内の港や海岸の海は、あらゆる種類の廃棄物《はいきぶつ》であふれています。工場からの排出物《はいしゅつぶつ》や船から流れ出る油に加えて、ゴミや下水も……。そのせいで、どんよりしているのです。」
と記されていたということです。

美智子《みちこ》さまが「森は海の恋人運動」を世界に伝える

わたしの乗った飛行機が、ジョン・F・ケネディ国際空港《こくさいくうこう》に着陸しました。国連職員《しょくいん》の方が出迎《でむか》えてくれ、国連本部へ下見に行きました。イースト川に面して、おなじみのビルが建っていました。表彰式場《ひょうしょうしきじょう》を見たあと、国連森林フォーラム事務局長《じむきょくちょう》のジャン・マッカールパイン女史《じょし》を訪《たず》ねました。仕事で横浜《よこはま》に住んでいたことがあるという、親日的な方でした。

東日本大震災で母の小雪《こゆき》を亡《な》くしたことが伝わっていて、お悔《く》やみの言葉をいただきました。

手土産《てみやげ》にと、二〇〇五年（平成十七年）に出版《しゅっぱん》した本『カキじいさんとしげぼう』（講《こう》談社《だんしゃ》）の英語版《えいごばん》を手わたしました。じつは、林野庁《りんやちょう》からアジア代表に選ばれたと知らせを受けた時点で、英語版《えいごばん》の制作《せいさく》を決意し、わが水山養殖場《みずやまようしょくじょう》に出版部《しゅっぱんぶ》を立ちあげました（といっても、机《つくえ》が一つあるだけの出版部《しゅっぱんぶ》で、息子の耕が家業の合間にとりしきります）。

出版部《しゅっぱんぶ》の名前は「カキの森書房《もりしょぼう》」です。

英訳《えいやく》のきっかけは二〇〇九年（平成二十一年）にさかのぼります。天皇陛下《てんのうへいか》（今の上皇《じょうこう》陛下《へいか》）と美智子《みちこ》さまがカナダ及《およ》びアメリカ合衆国《がっしゅうこく》に公式訪問《こうしきほうもん》されました。そして、カナダのノバスコシア州シドニー市の海洋科学研究所を見学されたのです。その折、研究所の所長から、

「カナダでは森・川・海のかかわりの研究を開始しました。」

と説明を受けられたそうです。そのとき美智子《みちこ》さまが、

「日本では気仙沼《けせんぬま》のカキ漁師《りょうし》たちが、もう二十年も前から、海に注ぐ川の上流の山に植林をしています。」

と、お話しされたところ、

「その活動の英語の資料《しりょう》はありませんか。」

と問われたというのです。宮内庁《くないちょう》から問い合わせがあったので、「森は海の恋人運動」の

心を伝える資料《しりょう》として、『カキじいさんとしげぼう』を急きょ英訳《えいやく》し、簡易《かんい》な冊子《さっし》にしてお送りした経緯《けいい》がありました。

国連大使が、そのときの駐《ちゅう》カナダ大使だったこともあり、話が弾《はず》みました。

国連本部での受賞《じゅしょう》スピーチ

二月九日、表彰式《ひょうしょうしき》です。いならぶ各国関係者を前に、ブラジル（中南米）、ロシア（ヨーロッパ）、カメルーン（アフリカ）、アメリカ合衆国《がっしゅうこく》（北アメリカ）代表に続き、アジア代表のわたしが金メダルを首にかけてもらいました。

わたしを除《のぞ》くヒーロー諸君《しょくん》は、巨大開発《きょだいかいはつ》・環境破壊者《かんきょうはかいしゃ》と対決し、うち勝ったような人々でした。グリーンピース（環境問題《かんきょうもんだい》に取り組む民間の国際協力組織《こくさいきょうりょくそしき》）に属《ぞく》する方々がいたことにも、驚《おどろ》きました。力強いスピーチに圧倒《あっとう》されそうでした。

私《わたし》の番が来ました。

「敬愛《けいあい》する国連森林フォーラムのマッカールパイン事務局長《じむきょくちょう》、審査員《しんさいん》のみなさま方、フォレスト・ヒーローズの仲間たち、本日お越《こ》しのみなさまにごあいさつ申し上げます。

わたしたち北日本の太平洋側は、昨年歴史的《れきしてき》な津波《つなみ》にあってしまいました。二万人の方が亡《な》くなりました。その中の一人にわたしの母もおりました。世界じゅうの方々からたくさんの支援《しえん》をいただきましたことを深く感謝《かんしゃ》いたします。

大津波《おおつなみ》で、カキも、船も、家も、ぜんぶ流されてしまいました。

わたしたちは絶望《ぜつぼう》の淵《ふち》に立たされました。

一か月ほど、海辺から生き物の姿《すがた》がぜんぶ消えてしまいました。

海は死んだと思いました。

これで終わりだと思いました。

しかし、どうでしょう。まもなく、海に魚たちが戻《もど》ってきました。

以前にもまして、海は豊《ゆた》かになったのです。

なぜでしょう。

それは、海に流れこんでいる川と背景《はいけい》の森林の環境《かんきょう》を整えていたからです。

今日は、わたしのような漁民がフォレスト・ヒーローになるという、二十年前ならまったく考えられないことが起きました。漁師《りょうし》のわたしをフォレスト・ヒーローに選出してくださったことに感謝《かんしゃ》します。

地球上には、三つの森があると思っています。

山の森、植物プランクトンや海藻《かいそう》の海の森、そして、森と海の間の川の流域《りゅういき》に暮《く》らす人々の心の森です。

わたしたちは、山に木を植えると同時に、環境教育《かんきょうきょういく》を通して子どもたちの心の中に木を植えてきました。科学的な解明《かいめい》がいくら進んでも、大切なのは人の心に木を植えること。森は海の恋人《こいびと》――このスローガンをかかげ、今後も運動を推進《すいしん》してゆくつもりです。本日の授賞《じゅしょう》、まことにありがとうございます。」

思わぬ大きな拍手《はくしゅ》があがり、ほっとしました。「森は海の恋人《こいびと》」という言葉の力を実感した一瞬《いっしゅん》でもありました。

グランドセントラル駅地下の巨大《きょだい》なオイスターバー

「どこか行きたいところはありませんか。」

授賞式《じゅしょうしき》のあと、国連職員《しょくいん》の方に問われたので、わたしは間髪《かんはつ》を入れず、

「グランドセントラル駅地下のオイスターバーに行きたいですね。」

と答えました。

カキ博士、今井丈夫先生からいつも話を聞かされていて、いつか行ってみたいと、ずっと思っていたのです。

グランドセントラル駅地下のオイスターバーは、五百人は入るのではないかと思うような、巨大《きょだい》なオイスターバーです。

いろいろな名前のカキが、氷の上にズラリと並《なら》んでいました。ですが、いくらさがしても、世界一のカキの産地であったニューヨーク湾のカキは、一個《こ》もありません。

国連職員《しょくいん》の方に問うと、

「あぶなくて、食べられませんよ。」

と、笑っています。大西洋ガキ（ヴァージニカ）は、ボストンやニューオーリンズなど遠《えん》隔地《かくち》産のものばかりです。

「『牡蠣《かき》と紐育《ニューヨーク》』の話は今でも引きずっているのだなあ。」

と実感しました。シアトル産などの西海岸のカキは、まちがいなく宮城種《みやぎだね》のカキです。

生ガキをおいしく食べられる海と共存《きょうそん》

翌日《よくじつ》、二〇〇一年（平成十三年）九月十一日に起きたアメリカ同時多発テロで大惨事《だいさんじ》のあった、ワールドトレードセンタービル跡《あと》を訪《おとず》れ、祈《いの》りをささげました。耕が、

「マンハッタンのはじっこから、スタテン島《とう》にフェリーが出ている。無料だから行ってみよう。」

といいました。船が出航《しゅっこう》しました。

四百年前、ハドソンがここにたどりついたのか……。十八世紀《せいき》、この海が世界一のカキ

の産地だったのか……と思うと感無量です。

自由《じゆう》の女神《めがみ》が見えたと思ったら、あっというまにスタテン島です。少し島を見物し、帰りの船に乗りました。船上から、マンハッタンの摩天楼《まてんろう》が見え、歓声《かんせい》があがっています。

でも、わたしは悲しくなりました。

ハドソンが来たときには、大森林が見えていたはずです。カキじいさんはカキの身になって考えます。森林がビル群に変われば変わるほど、カキはすみづらくなるのです。

地球にカキが出現《しゅつげん》したのは、五億年むかしのカンブリア期といわれています。カキの歴《れき》史《し》からすると、四百年なんて一瞬《いっしゅん》にすぎないでしょう。カキは、つくづく「人間はせっかちだなぁ。」と思っているはずです。人間はもう少しゆっくり進むべきです。ニューヨーカーも、ハドソン川流域《りゅういき》に木を植えるべきだと思いました。

森は海に恋《こ》い焦《こ》がれ、海は森に恋《こ》い焦《こ》がれているのです。

「人類が生き延《いの》びる道は明白だ。

生ガキを安心して食べられる海と共存《きょうそん》することである。」

思わずわたしはそうつぶやいたのでした。

著者／畠山重篤（はたけやま しげあつ）
1943年、中国・上海生まれ。宮城県でカキ・ホタテの養殖業を営む。「牡蠣の森を慕う会」代表。1989年より「森は海の恋人」を合い言葉に植林活動を続ける。一方、子どもたちを海に招き、体験学習を行っている。『漁師さんの森づくり』（講談社）で小学館児童出版文化賞・産経児童出版文化賞JR賞、『日本〈汽水〉紀行』（文藝春秋）で日本エッセイスト・クラブ賞、『鉄は魔法つかい：命と地球をはぐくむ「鉄」物語』（小学館）で産経児童出版文化賞産経新聞社賞を受賞。その他の著書に『森は海の恋人』（北斗出版）『リアスの海辺から』『牡蠣礼讃』（以上、文藝春秋）などがある。

構成／高木香織

装丁／大岡喜直（next door design）

カバー・表紙・章扉イラスト／白幡美晴

本文イラスト／スギヤマカナヨ

帯・カバー袖写真／藤野茂康

本文写真／NPO法人森は海の恋人 提供

カキじいさん、世界《せかい》へ行《い》く！

2024年10月7日　第1刷発行

著　者　畠山重篤《はたけやましげあつ》

発行者　安永尚人

発行所　株式会社講談社

東京都文京区音羽2-12-21　郵便番号112-8001

電話　編集 03（5395）3536
販売 03（5395）3625
業務 03（5395）3615

N.D.C.916　222p　20cm

KODANSHA

カバー・表紙印刷　共同印刷株式会社

本文印刷　株式会社ＫＰＳプロダクツ

製本所　大口製本印刷株式会社

本文データ制作　講談社デジタル製作

この作品は書き下ろしです。

ISBN978-4-06-536011-8